JOHANNA ESSER

# Körpersprache von Hund und Mensch

Praxiswissen Hund

MIMIK, KÖRPERHALTUNG, BEWEGUNG

MIT KOSMOS MEHR ENTDECKEN
Aktuelles Expertenwissen
SEIT 1822

KOSMOS

# ☞ *Inhalt*

*„Jeder von uns will, dass man ihn wahrnimmt und respektiert. Respektieren heißt anerkennen und wörtlich „zurückblicken", den Blick zurückgeben. Wahrnehmen bedeutet zuerst, Körpersignale und Verhalten zu erkennen. Kommunizieren heißt, sie richtig zu interpretieren und verständlich zu antworten. Dazu braucht man den Kopf, aber es geht aus vom Herzen – das Signal wie die Antworten unseres Körpers."*

*Samy Molcho*

# ZU DIESEM BUCH

Wir Menschen suchen stets nach Neuem. Nach neuen Mode-, Lifestyle-, Freizeit- oder Wohntrends. Wir jagen den aktuellen Entwicklungen nach, es treibt uns hin zu dem, was wir Fortschritt und Innovation nennen.
Auch wenn es um unsere Hunde geht, wollen wir immer wissen, was in der Hundewelt gerade aktuell oder „in" ist. Unser Interesse geht dabei in alle Richtungen: Verhalten, Erziehung, Beschäftigung, Zucht oder Ernährung – auf allen Gebieten meinen wir, mitreden und mitmachen zu müssen. Leider treibt uns dieses Bestreben auch weg von uns selbst und von unserem Hund. Dabei ist es gerade die Bindung an unseren Ursprung und das Besinnen auf unsere Körpersprache, die uns helfen, zu uns selbst zu finden – und zu unserem Hund.

*„Wasser ist ein Urelement. Es fließt, es ist weich, es ist voller Kraft und es fügt sich problemlos in jede Form, passt sich jedem Gefäß an, ohne dabei seine Eigenschaften zu verlieren".*

*Samy Molcho*

Genau so sollte die Beziehung zwischen Ihnen und Ihrem Hund sein. Körpersprache ist ein fließendes Element, das sich verändert, in jeder Begegnung neue Formen annimmt, wie das Wasser in einem Gefäß; und das doch unverändert bleibt. Körpersprache ist der Ausdruck unserer Wünsche, Gefühle und unseres Handelns. Sie verkörpert unser Ich und ebenfalls das Ich unseres Hundes.

In diesem Buch möchte ich versuchen, Ihnen die Dinge näherzubringen, die Sie und Ihren Hund näher zueinanderführen.

**Johanna Esser**

# KÖRPERSPRACHE

## — *Warum sie so wichtig ist*

# GEFÜHLE UND EMOTIONEN

**Körper und Seele sind untrennbar miteinander verbunden. Was wir sind, sind wir durch unseren Körper. Für unsere Hunde gilt das ebenfalls. Auch sie drücken über ihren Körper ihre Empfindungen aus.**

Jede innere Regung, jedes Gefühl und jede Emotion drücken wir durch unseren Körper aus – weil es gar nicht anders geht. Also ist das, was wir Körpersprache nennen, eigentlich der Ausdruck unserer inneren Haltung, unsere Seele. Die Frage, ob Hunde eine Seele haben, stellt sich mir persönlich nicht – sie haben eine. Und genau aus diesem Grund ist Körpersprache so wichtig – für uns Menschen und für unsere Hunde. Weil sie verrät, wie es um uns bestellt ist, wie es in uns aussieht. Auch wenn wir Menschen häufig versuchen, unsere momentane Gemütsverfassung zu verbergen, es gelingt uns gegenüber unserem Hund nicht. Er liest unsere Körpersprache und weiß sofort, was los ist, wie es uns geht und wie es in uns aussieht. Dazu ein Beispiel: Sie gehen mit Ihrem Hund spazieren, er tobt ausgelassen über eine Wiese, spielt mit anderen Hunden und ist mit sich und der Welt zufrieden. Sie sind es auch. Doch dann wollen Sie sich auf den Rückweg machen und rufen Ihren Hund. Sie rufen einmal, ein zweites und schließlich ein drittes Mal. Ihr Hund macht jedoch keine Anstalten, zu kommen. Schnüffelnd läuft er weiter über die Wiese.

*Vertieft in das Spiel mit einem anderen Hund, kann Ihr Hund Sie in diesem Moment nicht wahrnehmen.*

Innerlich brodelt es langsam in Ihnen, Sie sind verärgert und wütend. Doch Sie erinnern sich, was Sie in der Hundeschule gelernt haben: Immer freundlich bleiben, schließlich wollen Sie ja etwas von Ihrem Hund und er soll das Zu-Ihnen-Kommen immer mit etwas Positivem verbinden. Also rufen Sie weiterhin so freundlich wie möglich und mit glockenheller Stimme nach Ihrem Hund.

## IHRE WIRKUNG AUF DEN HUND

Ihr Körper spricht jedoch eine andere Sprache: Er ist angespannt, steif, Ihre Beine sind durchgestreckt und Ihr Oberkörper ist leicht nach vorne gebeugt. Nun kommt Ihr Hund angelaufen, Ihre Rufe bleiben freundlich, aber Ihr Körper bleibt angespannt. Kurz vor Ihnen bremst Ihr Hund plötzlich ab und kriecht die letzten Meter in abgeduckter Körperhaltung und mit abgeklappten Ohren auf Sie zu. Sie verstehen die Welt nicht mehr. Sie haben doch alles richtig gemacht und Ihren Hund freundlich gerufen. Warum kommt er dann auf den Brustwarzen angekrochen und tut so, als ob Sie ihn verprügeln wollten? Die Antwort auf diese Frage ist eigentlich ganz einfach: Ihr Körper bzw. Ihre Körpersprache hat Sie verraten. Auch wenn Sie freundlich nach Ihrem Hund gerufen haben, Ihr Körper hat Ärger, Wut und Anspannung ausgedrückt. Darauf hat Ihr Hund reagiert. Diese oder ähnliche Situationen gibt es viele. Ein Beispiel: Kaum hat Ihr junger Hund das „Sitz“ gelernt, üben Sie fleißig. Klappt es nicht sofort oder geht es Ihnen nicht schnell genug, beugen Sie sich nun mit Ihrem Oberkörper über Ihren Hund und sagen mit strenger Stimme „Sitz“. Für junge oder sensible Hunde kann dieser Druck zu viel sein. Sie stehen entweder auf oder versuchen, nach hinten wegzurutschen. Auf keinen Fall dürfen Sie diese Reaktion jetzt als Ungehorsam werten. Lösen Sie die Situation auf, indem Sie in die Hocke gehen und Ihren Hund zu sich einladen (siehe S. 14).

*Dieser Golden Retriever reagiert auf die bedrohliche Körpersprache seiner Besitzerin mit körpersprachlicher Deeskalation seinerseits.*

# WAS IST KÖRPERSPRACHE?

**Wenn wir von Körpersprache sprechen, gehen wir davon aus, dass unser Körper oder der Körper unseres Hundes mit seiner Umwelt kommuniziert.**

Sobald es also jemanden gibt, der die Signale Ihres Körpers wahrnimmt und darauf reagiert, sprechen Sie miteinander. Ihr Körper bringt durch seine „Sprache“ seine Wünsche zum Ausdruck. Entweder einer inneren Absicht folgend oder auf einen äußeren Reiz reagierend. Der Unterschied zwischen Ihnen und Ihrem Hund ist jedoch, dass Ihr Hund „echt“ und „authentisch“ kommuniziert und sich und seine Körpersprache nicht verstellt. Sie hingegen bzw. wir Menschen insgesamt, sprechen sozusagen mit „doppelter“ Zunge. Die gesprochene Sprache sagt häufig etwas anderes, als unser Körper ausdrückt.

Fest steht jedoch, dass Körper und Seele untrennbar miteinander verbunden sind – bei Ihnen und bei Ihrem Hund. Und genau deshalb können Sie auch in der Beziehung zu Ihrem Hund, das eine vom anderen nicht trennen.

*Mensch und Hund verstehen sich gut und gehen entspannt miteinander um – die Körpersprache beider spiegelt das wider.*

*Diese beiden Rüden wedeln nicht vor Freude, sondern vor Anspannung bzw. vor Erregung.*

# EINDEUTIGKEIT VON SPRACHE

In ihrer ursprünglichen Funktion sind körpersprachliche Signale eindeutig. In ihrer Interpretation sind sie es hingegen meistens nicht mehr. Der situative Kontext spielt hier eine wichtige Rolle. Nehmen wir beispielsweise das Wedeln eines Hundes. Noch immer (siehe z. B. bei Feddersen-Petersen und Zimen) glauben viele Menschen, dass das Wedeln eines Hundes stets ein freundliches Signal ist. So pauschal stimmt es jedoch nicht. Auch in einer angespannten Situation, z. B. kurz vor einer Attacke, kann ein Hund mit der Rute wedeln. Ein und dasselbe körpersprachliche Signal, kann also, je nach Situation, ganz unterschiedliche Bedeutungen haben. Beachten Sie daher immer den situativen Kontext, bevor Sie ein Verhalten beurteilen oder bewerten.

## DIE SACHE MIT DEM WEDELN

Das Schwanzwedeln eines Hundes ist die wohl bekannteste und gleichzeitig auch die Ausdrucksform, die am meisten missverstanden wird. Nicht immer, wenn ein Hund mit dem Schwanz wedelt, ist er seinem Gegenüber freundlich gesinnt. Die Haltung der Rute, die Art des Wedelns sowie der gesamte Körperausdruck des Hundes müssen berücksichtigt werden, wenn es um die Einschätzung der Gemütsverfassung geht. Hunde, die z. B. einen angeborenen Stummel- oder Ringelschwanz haben, können sich von vornherein nicht „normal" ausdrücken. Im Normalfall trägt ein selbstbewusster und/ oder dominanter Hund seine Rute so hoch und so gerade wie möglich über dem Rücken. Viele Terrier (Foxterrier, Airedaleterrier, Parson und Jack Russel Terrier) tragen ihre Rute aber von Geburt an so und provozieren

## WIRKUNG AUF DEN HUND

Zunächst kommt es darauf an, überhaupt eine Wirkung zu erzielen. Ihr Hund muss bemerken, dass Sie mit ihm kommunizieren möchten. Manche Signale sind entweder zu schwach oder nicht eindeutig genug, um erkannt zu werden. Wenn Sie also auf Ihren Hund wirken, wenn er Ihre körpersprachlichen Signale lesen kann, dann wird er sein Verhalten ändern, Sie werden eine Reaktion erkennen. Diese Verhaltensänderung kann ein Gesichtsausdruck, eine Bewegung des Körpers oder beides sein. Reagiert Ihr Hund in irgendeiner Form auf Ihr Verhalten bzw. auf Ihre Körpersprache, agiert er gleichzeitig. Das Agieren wiederum bedeutet, dass er aufgenommen hat, was Sie signalisiert haben. Die Reaktion Ihres Hundes allein bedeutet jedoch noch nicht, dass er sein Verhalten auch auf die von Ihnen gewünschte Art und Weise ändert. Er kann auch so reagieren, wie Sie es gerade nicht wollen. Aber er wird reagieren.

damit ungewollt und permanent einen bestimmten körpersprachlichen Ausdruck.
Ein Hund, der mit hocherhobener Rute, die eher verhalten hin und her schwingt, auf einen andern Hund zugeht, kann also im Gesamtkontext durchaus aggressives oder dominantes Verhalten zeigen, obwohl er ja „mit dem Schwanz wedelt".
Wird die Rute hingegen waagerecht nach hinten oder im Bogen leicht nach oben gerichtet getragen und schwingt dabei heftig hin und her, können Sie in aller Regel von einer freundlichen Begrüßung eines Menschen oder eines Hundes ausgehen.
Wird die Rute nach unten gehalten oder sogar unter den Bauch geklemmt, signalisiert ein Hund Unsicherheit, Angst oder auch Unterwerfung. Eine im lockeren Bogen nach unten getragene Rute hingegen ist ein Zeichen für Entspannung.

*Für die Chihuahua-Hündin ist die Aufforderung eindeutig: „Komm zu mir".*

# TANZSTUNDE

## — *Darf ich bitten!*

01

02

Bitten Sie Ihren Hund doch einmal zum Tanz, fordern Sie ihn zu einem gemeinsamen Bewegungsablauf auf. Dazu leinen Sie Ihren Hund an (die Leine sollte ca. 2 Meter lang sein) und stellen sich zunächst so hin, dass die Leine locker zwischen Ihnen hängt. Im Idealfall beobachtet Ihr Hund Sie schon jetzt aufmerksam und wartet auf eine Information von Ihnen. Wenn nicht, macht das nichts.
Nun gehen Sie mit leicht geneigtem Oberkörper auf Ihren Hund zu, schauen ihn bei dieser Ansprache kurz an und biegen dann mit erhobenem Kopf und aufrechtem Gang nach links oder rechts ab. Schauen Sie Ihren Weg an (fixieren Sie z. B. einen Baum) und gehen Sie ein paar Schritte voran. Geht Ihr Hund auf dieses Gesprächsangebot ein und folgt Ihnen anstandslos, dann wenden Sie ihm Ihren Körper ganz plötzlich wieder frontal zu und fordern ihn somit auf, anzuhalten. Klappt das gut, gehen Sie erneut los, mal nach links, mal nach rechts, dann stoppen Sie wieder usw. Versteht Ihr Hund Ihre körpersprachlichen Ansagen, werden Sie sich schon nach kurzer Zeit in einem gemeinsamen Kommunikationsfluss befinden – wie beim Tanzen.

03

05

04

*01 Warten Sie nicht darauf, dass Ihr Hund Sie beachtet. Beginnen Sie Ihren „Tanz", Ihr Hund wird Ihnen folgen.*

*02 Ist Ihr Hund aufmerksam und läuft ungefähr mit Ihnen auf einer Höhe, biegen Sie ganz plötzlich nach links oder rechts ab.*

*03 Ihr Hund ist voller Begeisterung bei Ihnen – physisch und mental.*

*04 Starten Sie nach einem frontalen Stopp erneut, und wechseln Sie dann plötzlich wieder die Richtung.*

*05 Entspannte Orientierung am Menschen hat viele Gesichter und nichts mit „Kadavergehorsam" zu tun.*

## AUFMERKSAMKEIT

Damit Ihr Hund auf Sie aufmerksam wird, müssen Sie sich in irgendeiner Form bemerkbar machen. Wir Menschen sprechen bekanntlich gern, Hunde kommunizieren vorrangig nonverbal.
Wie können Sie nun Ihren Hund körpersprachlich auf sich aufmerksam machen? Ganz einfach – indem Sie ihn berühren. Was so simpel klingt, fällt vielen Hundebesitzern heutzutage nicht mehr ein. Anfassen und berühren hat einen negativen Touch bekommen, häufig schwingen Wörter wie „Zwang" oder „Druck" mit, wenn es um das Berühren von Hunden geht. Dabei ist es das natürlichste von der Welt, einen Hund im Positiven wie im Negativen zu berühren.

### FREUNDLICHE ZUWENDUNG

Gehen Sie also z.B. in die Hocke oder knien Sie sich neben Ihren Hund und rücken Sie dann ca. eine Schrittlänge von ihm ab/weg. Nun strecken Sie Ihren Arm aus und berühren Ihren Hund leicht mit dem Handrücken an der Schulter oder an der Brust. Er wird

*Berühren Sie Ihren Hund vorsichtig mit dem Handrücken, und kraulen Sie ihn einen kurzen Moment.*

sich Ihnen freundlich zuwenden und vielleicht sogar aufstehen, um zu Ihnen zu kommen. Ist Ihr Hund aufgestanden und zu Ihnen gekommen, kraulen Sie ihm vorsichtig die Brust oder an einer anderen Stelle, die er gerne mag. Bleiben Sie dabei ruhig und putschen Sie Ihren Hund nicht durch „ganz viel verbale Stimme und Stimmungslage“ auf. Bleibt Ihr Hund nach Ihrer freundlichen Berührung auf seinem Platz sitzen, können Sie sich aufmunternd mit der flachen Hand ganz leicht auf den Oberschenkel schlagen, ihn kurz anschauen, um Ihren Blick dann gleich wieder nach vorne zu richten. Ihren Oberkörper sollten Sie auf jeden Fall von Ihrem Hund weg, also in die entgegengesetzte Richtung bewegen (wenn nötig). Würden Sie Ihren Oberkörper in die Richtung Ihres Hundes bewegen, könnte er das als Bedrohung empfinden und eher noch weiter von Ihnen wegrücken.

Grundsätzlich können Sie davon ausgehen, dass Ihr Hund auf jede Form von freundlicher Berührung mit Aufmerksamkeit seinerseits reagieren wird. Ein gemeinsames Gespräch kann beginnen.

*Nah bei Ihnen ist alles gut. Kraulen Sie Ihren Hund da, wo er es gerne mag.*

*Diese beiden Frauen freuen sich über ihr Zusammentreffen.*

*„Komm zu mir!" Freude bei Mensch und Hund.*

# REAKTIONEN DES KÖRPERS

Im Wesentlichen lassen sich Reaktionen des menschlichen Körpers in offene und geschlossene Bewegungen unterteilen, diverse „Zwischentöne" inbegriffen.

## OFFENE BEWEGUNGEN

Sie stellen sich immer dann ein, wenn ein positiver Reiz empfunden wird. Auf Ihren Körper bezogen bedeutet das: Ihr gesamter Körper ist weich, offen, entspannt und Ihre Bewegungen sind fließend. Unbeweglichkeit signalisiert eine Hab-Acht-Stellung, das Gegenteil von Offenheit. Sind Sie angespannt oder auch nur gestresst, wird Ihr Körper das signalisieren, sich verkrampfen und folgerichtig keine Offenheit mehr ausstrahlen. Ihr Hund merkt das sofort und wird Ihr Verhalten spiegeln. Genau aus diesem Grund macht es keinen Sinn mit dem Hund zu trainieren, wenn man selbst unter Druck steht oder gestresst ist. Offene Bewegungen zeichnen sich durch unterschiedliche Merkmale aus. Häufig sind nach oben gewandte Handflächen ein solches Merkmal. Wenn Sie z. B. die Arme ausbreiten, um jemanden herzlich zu begrüßen, sind Ihre Handflächen in der Regel nach oben gedreht. Gleichzeitig öffnen Sie mit dieser umarmenden Geste wortwörtlich Ihren Körper und signalisieren damit, dass Sie frei sind, keine Angst haben und Ihr Gegenüber „mit offenen Armen" empfangen.

## GESCHLOSSENE BEWEGUNGEN

Bei geschlossenen Bewegungen zieht sich der Körper zusammen. Die Haut strafft sich, die Muskulatur zieht sich zusammen, die Bewegungsfähigkeit wird reduziert. Der Bauch wird eingezogen, der Rücken krümmt sich und die Schultern fallen nach vorne.

Nehmen wir z. B. einen Hund am Futternapf oder im Besitz eines leckeren Knochens. In der Regel wird er sich über diese wertvolle Ressource beugen, um sie vor interessierten Hunden oder anderen unerwünschten Gästen zu schützen. Sein Körper wird sich über den Futternapf oder Knochen beugen, alle Körperteile wenden sich nach innen und der Blick des Hundes geht von unten nach oben ringsherum. Ähnlich ist es bei uns Menschen. Auch wir beugen uns manchmal tief über unser Essen und lassen unsere Blicke nach links und rechts schweifen.

*Diese Haltung wirkt niedergeschlagen und schutzbedürftig. Der Körper richtet sich gen Erde.*

*Unserem Hund können wir nichts vormachen – unsere Stimmung überträgt sich spiegelbildlich.*

## GRUNDFORMEN DER BEWEGUNG

Im Großen und Ganzen geht es um fünf Grundeinstellungen:
- Attacke,
- Flucht,
- Verstecken,
- Hilfe suchen und
- Unterwerfen.

### ATTACKE

Bei der Attacke ist jede Bewegung nach vorne gerichtet, der Blick ist unmittelbar auf das anvisierte Ziel fixiert. Alle Bewegungen (egal ob die eines Menschen oder die eines Hundes) sind dem Vorsatz untergeordnet, das Ziel zu erreichen.

*Leinenaggression: Die Owtscharka-Hündin gebärdet sich an der Leine wie wild, ihre Körpersprache signalisiert Angriffsbereitschaft.*

*Die kleine Hündin macht dem Rüden unmissverständlich deutlich, was sie von seinen Annäherungsversuchen hält.*

*T-Stellung: Hier treffen zwei vermeintlich gleichstarke Hunde aufeinander.*

Alle diese Bewegungen verlangen eine Öffnung des Körpers. Niemand wird, weder ein Mensch noch ein Hund, sein Ziel mit eingefallenen Schulterblättern oder eingezogenem Brustkorb verfolgen. Die Bewegungen sowie die gesamte Mimik sind klar und deutlich ausgerichtet. Hinzu kommt der Bodenkontakt. Er bedeutet die Basis der Attacke. Ob Sie angreifen oder sich verteidigen – Sie brauchen Kraft dafür. Und Kraft bekommen Sie, wenn Sie fest mit beiden Beinen auf dem Boden stehen. Steht Ihr Hund mit allen vier Beinen auf dem Boden, verfügt er auch über diese Kraft. Stellen Sie sich z. B. einen Judo- oder Karatekämpfer vor. Beide versuchen zuerst eine eher breitbeinige und feste Stellung mit den Füßen einzunehmen, bevor sie in den Kampf einsteigen.

## FFLUCHT

Ganz anders ist es bei der zweiten Grundreaktion, der Fluchtbewegung. Einer der ältesten Reaktionen des Menschen ist das Wegrennen. Um wegrennen zu können, muss die Muskulatur angespannt sein. Ein unangenehmer Einfluss, eine schockierende Begegnung – es gibt viele Dinge, die eine Fluchtreaktion bei uns auslösen können. Um vor etwas fliehen zu können, ist ein möglichst geringer Bodenkontakt von Nutzen. Denn je weniger Bodenkontakt Sie haben, desto schneller können Sie laufen. Wir haben jedoch durch Erziehung gelernt, diese Fluchtbewegungen zu unterdrücken. Unser Körper bewegt sich nicht naturgegeben von der Stelle, sondern bleibt stehen, wo er ist und verkrampft sich.

## VERSTECKEN

Ganz nah an der Fluchtreaktion ist der Antrieb, sich zu verbergen. Der Impuls sich zu verstecken, ist also die dritte Grundreaktion. Kann ich nicht attackieren oder fortlaufen, muss ich mich verstecken. Hierbei handelt es sich um eine geschlossene Bewegung. Ihr Körper schließt sich zusammen, jeder Blickkontakt wird vermieden.

## HILFE SUCHEN

Die vierte Reaktion ist das Hilfesuchen. Wir Menschen haben als soziale Wesen früh erkannt, dass erst die Koordination und die Kooperation mit unseren Mitmenschen uns wirkliche Stärke verleiht. Bei Hunden verhält es sich ähnlich. Sie brauchen „ihren Platz" in unserer Menschengruppe, um sich hundgerecht entwickeln zu können.

*Die vier Monate alte Pointer-Hündin unterwirft sich der erwachsenen und selbstbewusst auftretenden Wäller-Hündin.*

## UNTERWERFEN

Die fünfte Grundreaktion ist die Unterwerfung. Sind alle anderen Möglichkeiten ausgeschöpft, bleibt nur noch die Unterwerfung. Sie gibt dem sich Unterwerfenden die Chance, unter der Führung und Anleitung des anderen, weiter zu agieren. Wer sich unterwirft, geht gebeugt, die Brust fällt in sich zusammen, die Arme hängen ohne Spannung herab, der Blick konfrontiert sein Gegenüber nicht, guckt eher an ihm vorbei. Wer sich unterwirft, spannt die Muskeln an, denn schließlich will man ja auch nicht wegrennen. Das alles klingt zunächst negativ, ist es aber nicht zwangsläufig. Das Unterwerfen ist in erster Linie das Einhalten von Spielregeln. Von Spielregeln, die wir uns selbst auferlegt haben oder von solchen, die die Gesellschaft uns vorgibt.

*Die kleine Casta sucht Schutz bei ihrem Menschen und bekommt diesen auch.*

Wir Menschen unterwerfen uns den gesellschaftlichen Regeln meistens freiwillig, weil sie uns innerhalb ihrer Grenzen auch einen sicheren Rahmen, Schutz und gewisse Freiheiten bieten. Für den Umgang mit einem Hund gilt Ähnliches. Nur der Hund, der sich an gewisse Spielregeln und Rahmenbedingungen hält, darf auch diverse Freiheiten und somit ein schönes und hundegerechtes Leben genießen. Lässt ein Hund sich z. B. nicht abrufen, muss er ständig angeleint sein. Kann ein Mensch seinem Hund jedoch vermitteln, dass er sich an ihm zu orientieren hat, kommt der Hund u. a. in den Genuss von regelmäßigem Freilauf und Kontakt zu Artgenossen.

# SPRACHFORMEN

**Körpersprache und verbale Sprache sind untrennbar miteinander verbunden. Jedes Wort, das Sie aussprechen, hat auf Sie und auf andere eine Wirkung, und zwar eine körperliche.**

Die verbale Sprache hat also ihren Ursprung auch in unserem Körper, genau wie unsere Körpersprache. Jedes Wort, das Sie denken, wird von Ihrem Körper übersetzt. Dazu ein ganz einfaches Beispiel: Allein der Gedanke, dass Sie z. B. Mehlwürmer oder Heuschrecken essen müssten, wird bei Ihnen eine vor Ekel und Unbehagen verzerrte Mimik hervorrufen. Jeder Gedanke bedeutet daher einen Auftrag bzw. eine Information an unser Gehirn. Unser Körper organisiert dann die Ausführung dieses Auftrags. Sind Sie selbst unsicher, wird Ihr Körper diesen Zustand sofort nach Außen transportieren. Ihr Hund wird im Gegenzug sofort erkennen, wie es um Ihre Verfassung bestellt ist und auf die eine oder andere Weise reagieren.

## IM WIDERSPRUCH

Wir Menschen versuchen häufig, unseren Körper zu überlisten bzw. wir meinen es zu können. Meistens klappt das jedoch nicht. Ihre Körpersprache wird Sie immer verraten. Denn der Körper reagiert zunächst auf Ihre Empfindungen und Gefühle und dann erst auf Ihre mental-digitalen Wünsche. Körpersprache entspricht stets dem inneren Geschehen. Widersprüche entstehen daher, wenn Ihr Inneres sich mit dem Ausgesprochenen nicht einig ist. Im Umgang mit Ihrem Hund haben solche Widersprüchlichkeiten sichtbare Auswirkungen. Er wird sich auf jeden Fall anders verhalten als Sie es gerne hätten, da er Sie „durchschaut".

*„Ich bin gut drauf", signalisiert dieser Hund. Körpersprache und seelische Verfassung sind im Einklang.*

*Zögernd nähert sich die Hündin dem Rüden. Dieser reagiert wie ein Gentleman: Zurückhaltend und höflich.*

Sind Sie z. B. gestresst oder wütend, können Sie sich noch so sehr bemühen die „Fassade" zu wahren, indem Sie sich so locker wie möglich verhalten und einen normalen Tonfall beibehalten, Ihr Hund wird anhand Ihrer fahrigen und hektischen Bewegungen oder Ihrer angespannten Körperhaltung spüren, wie es wirklich um Sie bestellt ist und sich dementsprechend verhalten.

Ein weiteres, sehr menschliches Beispiel: Sie stehen vor einer Eisdiele und würden sehr gern einen großen Eisbecher essen. Da Sie aber gerade beschlossen haben, eine Diät zu machen, damit Sie ein paar Pfunde verlieren, sagt Ihr Gewissen „Nein". Sie werden also mit schmachtendem Blick vor der Eisdiele stehen, Ihr Körper wird „Ja" schreien, Ihr Gewissen wird sich aber für „Nein" entscheiden. Körpersprache drückt immer beides aus, stellt somit die Ambivalenz dar. Hunde kommunizieren immer direkt, verstellen sich nicht. Sicherlich kennen Sie den Satz: „Ich liebe meinen Hund so, weil er immer ehrlich zu mir ist und mich so liebt, wie ich bin." Dahinter steckt der Wunsch, auch so sein zu können bzw. so akzeptiert zu werden, wie man ist, ohne sich verstellen zu müssen. Unsere Hunde zeigen uns täglich, wie einfach, schön und ehrlich das Leben sein kann.

*Nähe zulassen ist für Mensch und Hund wichtig. Wie sich die Nähe darstellt, ist individuell.*

# KÖRPERSPRACHE BEEINFLUSSEN

**Jeder Gedanke bedeutet einen Auftrag bzw. eine Information an unser Gehirn. Unser Körper organisiert dann die Ausführung dieses Auftrags.**

Wir Menschen akzeptieren selten, dass wir so sind, wie wir eben sind. Unser wirkliches Ich und das Bild, das wir gerne nach außen transportieren möchten, sind häufig nicht harmonisch. Das kann zu Widersprüchen führen, die durch unsere Körpersprache sichtbar werden. Hunde bemerken das. Natürlich können wir uns, unsere Körpersprache und damit unsere Wirkung auf andere, auch positiv beeinflussen. Gehen Sie z. B. plötzlich joggen, tanzen Sie gerne oder bewegen Sie generell Ihren Körper, so wird sich dieser und damit Ihre Wirkung verändern. Ihr Gang wird leicht, Ihre Bewegungen fließender. Ihr Hund wird sich diesem neuen Bewegungsmuster begeistert anschließen und Ihre „neue Stimmung" übernehmen.

# KANN KÖRPERSPRACHE LÜGEN?

Unsere Empfindungen äußern sich unmittelbar physisch. Körpersprache kann daher nicht lügen – weder Ihre noch die Ihres Hundes. Allerdings gibt es, bei Mensch und Hund, Übertreibungen in vielen Bereichen. Besonders dann, wenn es um das Imponierverhalten geht. Bei Rüden lässt sich dies besonders gut beobachten. Bei Begegnungen mit anderen Rüden wird so mancher Rüde größer als er eigentlich ist. Er streckt die Beine durch, macht sich steif und gerade. Junge Männer machen übrigens genau das Gleiche. Versuchen Sie selbst einmal, Ihren Hund körpersprachlich in unterschiedliche Stimmungen zu versetzen. Springen Sie wild mit ihm herum. Sie werden sehen, wie Ihr Hund begeistert auf diese Einladung eingeht. Probieren Sie andersherum, wie Ihr Hund reagiert, wenn Sie mit hängenden Schultern und eingezogenem Kopf wortlos neben ihm herlaufen. Er wird sich schnell Ihrer Stimmung anpassen oder versuchen, Sie umzustimmen.

## SIE SIND DAS GEFÜHL!

Emotionen wahrzunehmen, ist sehr wichtig. Sie selbst sind das Gefühl, das Sie Ihrem Hund entgegenbringen. Die Kommunikation zwischen Ihnen und Ihrem Hund ist der beste Beweis dafür. Was nützen Ihnen alle Signale und Dressurakte, wenn Ihr Hund Ihnen das Gefühl, das Sie ihm vermitteln wollen, nicht abnimmt? Richtig, gar nichts. Denn Ihr Hund wird nie „wirklich" bei Ihnen sein, wenn Sie nicht echt und authentisch sind. Wenn Sie sich schlecht fühlen oder deprimiert sind, können Sie sich noch so sehr zusammenreißen, vor Ihrem Hund können Sie Ihre Gefühle nicht verbergen. Überprüfen Sie daher immer zuerst Ihre eigene Gemütsverfassung, bevor Sie mit Ihrem Hund arbeiten. Nur wenn Sie mit sich ehrlich sind, können Sie auch Ihrem Hund gegenüber fair bleiben.

*Bond kommt gerne, er hat das Gesprächsangebot verstanden.*

*Zwei angeleinte halbstarke Rüden …*

## KÖRPERSPRACHE-CODES

Diese gibt es bei uns Menschen und auch bei unseren Hunden. Jugendliche z. B. entwickeln in ihren Wirkungskreisen einen ganz eigenen Körpersprache-Code, eine Art und Weise, miteinander zu kommunizieren. Gerade Jungs im Teenageralter drücken sich viel stärker durch Köpersprache als durch verbale Sprache aus. Das lässige Schulterzucken eines Teenagers signalisiert dem Teenager-Kumpel einen lockeren Einwand gegen etwas oder eine „Keine-Ahnung-Stimmung". Ein Erwachsener fühlt sich durch solch „ungehobeltes" Benehmen schnell auf den Schlips getreten. Ganz einfach deshalb, weil in seiner Erwachsenen-Welt andere Körpersprache-Codes gelten. Unter Hunden gibt es ähnliche Situationen. Nehmen wir z. B. die Tatsache, dass häufig bestimmte Hundetypen besonders gut miteinander spielen können, während andere kaum miteinander zurechtkommen. Windhunde spielen sehr ungern mit Boxern, Molossern oder Retrievern. Der Grund dafür liegt in der unterschiedlichen Ausformung der Körpersprache. Boxer, Molosser oder auch Retriever spielen sehr körperlich bzw. mit vollem Körpereinsatz. Da wird geschubst, gedrängelt, im vollen Lauf gegeneinander gerammt und wild getobt. Windhunde hingegen spielen mit wesentlich

*... tasten sich vorsichtig aneinander heran.*

*Dem Pointer ist nicht ganz wohl dabei ...*

weniger „Vollkontakt“, zum Bodycheck kommt es selten. Ihr Körpersprache-Code ist ein ganz anderer, als derjenige der Mollosser, Boxer und Retriever. Treffen diese unterschiedlichen Hundetypen aufeinander, kann es zu kommunikativen Missverständnissen kommen.
Trotzdem ist es natürlich möglich, dass auch Hunde, die eigentlich eine unterschiedliche Art der Körpersprache bevorzugen, miteinander „ins Gespräch“ kommen. Hier liegt es an uns Menschen, solch verschiedene Hundetypen behutsam zusammenzuführen und nicht nach dem Motto „Die regeln das schon unter sich“, zu agieren.

*... er „sitzt“ diese Begegnung lieber aus.*

# WIRKUNG UND BEDEUTUNG

## — *Was Ihr Körper sagt*

# DER SPRACHKONTEXT

**Wirkung und Bedeutung von Körpersprache hängen immer auch von der jeweiligen Situation ab, sollten also niemals als eindeutig oder „das ist immer so" gesehen werden.**

Die Aktion eines Körperteils steht daher niemals allein und sollte stets im Gesamtkontext betrachtet werden. Nehmen wir beispielsweise das Entblößen der Zähne. Viele Menschen verbinden damit das „Zähneblecken", welches häufig in einem spannungsgeladenen Kontext mit aggressiver Intention gezeigt wird. Hunde entblößen ihre Zähne aber auch in anderen Situationen und aus anderen Gründen. Sie beschwichtigen z. B. durch das „Submissivegrin", das sogenannte Unterwürfigkeitsgrinsen. Außerdem können sie ein durch Anheben der Oberlippe und Zähnezeigen erzeugtes „Lächeln" zeigen, häufig in hochfrequentierter Aufeinanderfolge. Dieses „Lächeln" wird in entspannten Situationen oder bei freudigen Begrüßungen mit dem Menschen gezeigt.

## AUGEN UND BLICK

Wenn Sie mit einem anderen Menschen kommunizieren, fällt Ihr erster Blick in der Regel auf das Gesicht Ihres Gesprächspartners. Da alle Sinneswahrnehmungen im Kopf zusammenlaufen, können Sie anhand des Gesichtsausdrucks eines Menschen eine Menge Informationen über dessen momentane Gemütslage/Gefühlslage bekommen. Ein Problem gibt es jedoch: Möchte ein Mensch einen anderen täuschen, wird er dies zuerst mit seinem Gesichtsausdruck, seiner Mimik, versuchen. Denken Sie nur an das sprichwörtliche „falsche Lächeln". Genau aus diesem Grund ist es so wichtig, immer den gesamten Körper eines Menschen oder eines Hundes im Blick zu haben. Denn der ganze Körper kann niemals lügen, mögliche Widersprüche werden Sie bemerken. Die Augen nehmen innerhalb des Gesichts eine besondere Rolle ein. Eine plötzliche Veränderung des Auges ist immer ein Alarmzeichen, eine Reaktion auf Veränderung oder mögliche Gefahr.

*Beginnen Sie bereits im Welpenalter, Blickkontakt zu Ihrem Hund aufzubauen.*

*Diese Hunde müssen sich via Blick fixieren, da sie direkt aufeinander zugeführt werden.*

## KINDCHEN-SCHEMA

Bambi, Susi & Strolch oder Micky Maus haben sie berühmt und beliebt gemacht, Kindern und Welpen verleihen sie etwas Unwiderstehliches: große Augen in einem verhältnismäßig großen Kopf.

Kleine Kinder und auch Welpen besitzen im Verhältnis zu ihrem gesamten Körper einen relativ großen Kopf mit großen Augen. Man spricht hier von dem sogenannten „Kindchen-Schema". Dieses weckt bei vielen Menschen einen angeborenen Fürsorge- und Beschützerinstinkt. Bei Hunden und anderen Tieren übrigens auch – die kleinen Körper mit den großen Augen lösen den Instinkt aus, das kleine Wesen zu füttern.

## GLÜCKLICH

Bei unseren Hunden ist das ganz ähnlich. Denken Sie einfach daran, wie sich der Blick Ihres Hundes verändert, wenn er z. B. von einer kleinen Hasenhatz zurückkommt. Es ist das pure Glück, das da aus seinen Augen springt. Sie spiegeln seine momentane Gemütsverfassung – und die könnte besser nicht sein, er ist im wortwörtlichen Sinne berauscht.

## KONZENTRIERT

Der konzentrierte Blick hingegen blockiert den Nacken. Die Möglichkeit, nach links oder rechts zu schauen, ist somit nahezu ausgeschaltet. Ziehen sich Ihre Augen z. B. zu einem Drohsignal zusammen, ist Ihr Blick

ganz konkret auf ein Ziel gerichtet. Bei Hunden ist es genauso. Hunde, die einander via Blick fixieren, können nicht so einfach nach links oder rechts sehen, da auch ihre Nackenmuskulatur angespannt ist.

## DIREKT ODER AUSWEICHEND

Mit dem direkten Blick in die Augen, zwingen Mensch und Hund ihr Gegenüber zu einer Stellungnahme. Um dieser Konfrontation zu entgehen, gibt es diverse Ausweichmanöver: Blinzeln, Wegsehen, woanders Hinsehen. Wir Menschen zwingen unsere Hunde häufig unbewusst, einen anderen Hund via Blick zu fixieren und geben ihnen obendrein keine Möglichkeit, auszuweichen. Dieses Szenario

*Hätten die Hunde die Wahl, würden sie sich anders begegnen.*

*Die Situation eskaliert, der Golden Retriever löst die Anspannung durch Bellen.*

*Besser so: Die Hunde werden abgewandt voneinander und auf unterschiedlichen Seiten aneinander vorbeigeführt.*

spielt sich tagtäglich auf Deutschlands Straßen ab. Zwei Menschen und ihre angeleinten Hunde begegnen sich auf dem Bürgersteig, die Menschen führen ihre Hunde direkt aufeinander zu, sodass diese nicht ausweichen oder den Blick abwenden können, so wie sie es bei einer ungezwungenen Begegnung in den meisten Fällen getan hätten.
Das Wegsehen, also den Blick zur Seite, weg vom Gegenüber zu nehmen, kann schon ausreichen, um eine Konfrontation oder eine Auseinandersetzung zu verhindern. Immer wenn ich mich nicht zu einer Entscheidung zwingen lassen will, schaue ich einfach nicht hin. Bei uns Menschen ist dieses Verhalten häufig negativ besetzt, wir assoziieren mit dem abgewandten Blick häufig ein schlechtes Gewissen oder jemanden, der etwas zu verbergen hat. Häufig ist es allerdings lediglich so, dass wir zu etwas keine Stellung beziehen wollen. Nicht mehr und nicht weniger. Und es kann ja durchaus eine gute Entscheidung sein, das Gegenüber nicht mittels Blick zu fixieren. Denn der direkte Blick bedeutet immer eine Konfrontation, das erste Drohsignal senden immer die Augen. Wer sein Gegenüber mit einem offenen Blick konfrontiert, erhebt immer auch einen Anspruch auf etwas. Wer den Blick senkt, unterwirft sich.

## UMHERWANDERND

Irrt ein Blick ständig und unruhig in verschiedene Richtungen umher, zeugt das von Unsicherheit oder sogar Angst. Der umherwandernde Blick macht es dem Gegenüber schwer, den anderen einzuordnen.

## DER „LETZTE" BLICK

Bereits im Welpenalter können Sie trainieren, den Blickkontakt zu Ihrem Hund herzustellen. Später, wenn Ihr Hund erwachsen ist, kann es genau dieser letzte Blickkontakt & Moment sein, der es Ihnen ermöglicht, Ihren Hund z. B. zu stoppen, bevor er losrennt oder auch nur Kontakt zu ihm aufzunehmen. Setzen Sie Ihren Welpen/Hund angeleint neben

*Dieser verunsicherte Hund vermeidet jeden ...*

sich und gehen Sie in die Hocke. Warten Sie, bis Ihr Hund Sie kurz anschaut, erst dann entlassen Sie ihn in den Freilauf oder erlauben es ihm, aufzustehen. Weigert Ihr Hund sich strikt Sie anzugucken, können Sie sich z. B. räuspern, kurz husten oder Ihren Hund einmal kurz anstupsen. Sicher wird er Sie mithilfe dieser Eselsbrücke plötzlich ansehen. Diesen Blick belohnen Sie dann mit einem Leckerli und anschließend mit der Erlaubnis, sich von Ihnen zu entfernen. Ich nutze diesen „letzten Blick" z. B., wenn es um das jagdliche Training meiner Pointer geht. Vor jedem Trainingsgang im Feld, also vor jedem Start, müssen meine Hunde mich einmal anschauen,

*... Blickkontakt zum anderen Ende der Leine.*

bevor sie ihre Suche beginnen dürfen. Ich bzw. unser Blickkontakt sind somit die Initialzündung und die Erlaubnis, etwas tun zu dürfen. Dieser „letzte Blick" hat nichts mit einer antrainierten Form von absolutem Gehorsam zu tun, sondern vielmehr mit einer Art „Erinnerung" daran, dass Sie und Ihr Hund etwas gemeinsam tun möchten. Verstehen Sie diese Art der Kontaktaufnahme also vielmehr als eine Art Ritual, welches sich irgendwann ganz automatisch zwischen beiden Kommunikationspartnern einstellt. Es ist dann wie in einer guten zwischenmenschlichen Beziehung: Man kennt und liebt sich und versteht sich auch ohne Worte – ein Blick reicht.

## BLICKE SAGEN MEHR ALS TAUSEND WORTE

Wenn Sie mit offenen Augen und wachen Sinnen für die körpersprachlichen Signale Ihres Hundes durch den Tag gehen, können viele Begegnungen leichter und erfolgreicher verlaufen. Die Kenntnis der Körpersprache Ihres Hundes öffnet Ihnen den direkten Weg zu Ihrem Hund. In manchen „sprachlosen" Augenblicken ist das direkt spürbar. Da sagt ein Blick, eine Kopfbewegung oder eine bestimmte Position der Ohren mehr als tausend Worte.

### DIE KALTE SCHULTER

Das Phänomen der „kalten Schulter" kennen Sie bestimmt. Einem anderen Menschen die Schulter entgegenzuhalten statt sich ihm mit der Körpermitte zuzuwenden, bedeutet ganz klar Ablehnung. Die kalte Schulter ist eine unbewegliche Schulter. Der Arm bleibt leblos und zeigt kein Signal von Geben und Nehmen. Wer über seine Schulter spricht, spricht wie über eine Mauer hinweg, er blockiert sich und den Gesprächspartner.
Eine lockere Schulter ist daher Voraussetzung für einen fließenden und offenen Bewegungsablauf.
Auch Hunde können einander die „kalte Schulter" zeigen, indem sie z. B. das Vorankommen bzw. die Bewegungsfreiheit des anderen Hundes mittels ihrer Schulter blockieren.

## SCHULTERN UND OBERKÖRPER

Gerade, offen getragene Schultern signalisieren: Ich bin frei, trage keine Last, weder physisch noch psychisch. Alles, was uns Menschen belastet, tragen wir wortwörtlich auf unseren Schultern. Wir krümmen den Rücken, ziehen unsere Schultern hoch, fallen regelrecht zusammen. Dabei ist es egal, ob die Belastung physisch oder psychisch ist. Wer belastet ist, dessen Bewegungsfreiheit reduziert sich automatisch. Ich sage jetzt einmal etwas sehr Provokantes: Die Beweglichkeit eines Körpers spiegelt die Beweglichkeit des Geistes. Wer schwer trägt, ist auch schwer ansprechbar. Für Ihren Hund gilt das ebenfalls. Ein verunsicherter Hund wird sich nicht frei bewegen und seine Umwelt mit allen Sinnen wahrnehmen. Ein Teil seines Selbst wird sich immer auf seine Unsicherheit konzentrieren.

*Diese Frau ist selbstbewusst und auffordernd.*

*Hier hingegen wirkt sie unsicher und unschlüssig.*

*Imponiergehabe wirkt unter anderem durch einen aufgepusteten Brustkorb.*

## BRUST UND ATMUNG

Unsere Brust bzw. unser Brustkasten ist, gemeinsam mit Herz und Lunge, unser Energiespeicher. Wenn Sie tief einatmen und Ihre Lungen voll Luft pumpen, ihnen also Sauerstoff zuführen, wachsen auch Ihre Energie und Ihre Vitalität. Flaches Atmen hingegen setzt die Körperspannung herab.

Eine „aufgepustete", mit Luft gefüllte Brust symbolisiert Imponiergehabe. Denken Sie nur an das Bild des „aufgeplusterten Gockels", dann wissen Sie, was ich meine. Wer so daherkommt, will unbedingt beweisen, wie toll er ist. Er ist jedoch im wahrsten Sinne ein „aufgeblasener Typ", denn das Selbstbewusstsein ist nicht echt, sozusagen nur hineingepustet.

Das Gegenteil ist der angehaltene Atem. Alles, was uns Menschen verunsichert, und zweifeln lässt oder vor schwere Entscheidungen stellt, lässt uns den Atem anhalten. Der angehaltene Atem kennzeichnet immer eine kurze Pause oder Denkpause. Hunde halten z. B. den Atem an, wenn sie etwas Interessantes riechen oder wittern. Beobachten Sie Ihren Hund einmal auf einem Spaziergang. Bleibt er plötzlich am Waldrand stehen, streckt die Nase in die Luft und bläst die Backen auf, dann hält er kurz danach die Luft an, um sie anschließend erneut aus- und einzuatmen. Die gezielte Atmung ermöglicht es ihm, einen Geruch aufzunehmen und zu verarbeiten.

### EXKURS ZUM THEMA ATMEN

Das Einatmen gibt uns durch die Aufnahme von Sauerstoff mehr Kraft, Vitalität und Freude. Das Ausatmen bewirkt einen Abbau von Kraft, Passivität, aber auch eine Befreiung von gestauter Luft. Das Anhalten von Luft ist der kurze Zeitabschnitt, in dem der Körper durch Stillstand versucht, jede Reaktion und den Informationsfluss zu blockieren, um in Ruhe eine Entscheidung zu treffen: Konzentration.

# HÄNDE UND ARME

Unsere Hände und Arme sind unsere Kommunikationsinstrumente. Sie unterstützen unsere Sprache bzw. sie sprechen sprachbegleitend. Hunde achten sehr genau auf die Signale, die unsere Hände und Arme aussenden. Nicht zuletzt deshalb, weil diese häufig mit Futter, einem Signal oder einer Richtungsanweisung verbunden sind.
Es gibt drei Grundbewegungen der Hand: Die offene, die dominante und die verdeckte Hand.

## OFFENE HAND

Bei der offenen Bewegung wird die Handfläche sichtbar. Darin zeigt sich Vertrauen und positives Entgegenkommen. Es ist beispielsweise die offene Hand, mit der Sie Ihren Hund streicheln, nicht die geschlossene. Jede Form der Zuneigung wird durch eine offene Hand unterstützt.
Offene Hände bewegen sich tendenziell nach oben. Natürliche Bewegungen führen hinauf und in die Breite. Die offene Hand demonstriert immer Großzügigkeit, Raumbeanspruchung, Selbstsicherheit und ist außerdem eine Willkommensgeste.

*„Sitz“ signalisiert der erhobene Zeigefinger.*

*Druckausübung: Handführung von oben nach unten.*

*„Komm zu mir“, sagen Arme, Hände und Mimik des Menschen.*

## DOMINANTE HAND

Dominante Handbewegungen üben Druck aus. Eine Hand, die von oben nach unten geführt wird, drückt jemanden oder etwas nach unten. Eine typische menschliche dominante Bewegung ist das Jemandem-auf-die-Schulter-Klopfen. Häufig wird dazu von uns Menschen zwar etwas Freundliches gesagt oder ein Kompliment gemacht, wie z. B.: „Das hast du wirklich gut gemacht“, der Tenor dahinter meint aber: „Vergiss nicht, ich kann das viel besser“.
Jede Geste, mit der die Bewegungsfreiheit eines anderen begrenzt wird, signalisiert Dominanz. Wer einen Menschen umarmt, indem er beide Oberarme seines Gegenübers

*Hunde verstehen diese Geste meist auch ohne große Worte.*

festhält, übt Dominanz aus. Egal was der armdrückende Mensch jetzt sagt, seine Geste drückt Dominanz aus, schließlich kann der Festgehaltene seine Arme ja nicht bewegen.

## VERDECKTE BEWEGUNGEN

Die verdeckte Handbewegung zeigt dem Gegenüber den Handrücken und verbirgt damit die Handinnenseite. Wir signalisieren damit, dass wir etwas schützen oder verbergen wollen. Sucht Ihr Hund Schutz bei Ihnen, ist es eine Variante in die Hocke zu gehen und die Hände und Arme um den Hund zu schließen. Ihre Handinnenflächen zeigen dabei automatisch nach innen, die Handaußenflächen nach außen.

## „FEIN" UND „NEIN"

Häufig wählen Menschen die Wörter „Fein" und „Nein", wenn es um das Erlauben und das Verbieten von bestimmten Dingen geht (siehe S. 39). Das „Fein" ist jedoch eher eine ungünstige Wahl, da es ähnlich wie das „Nein" klingt. Suchen Sie sich daher also besser ein anderes Wort aus, z. B. „Gut", „Go" oder „Nimm's". Natürlich können Sie alternativ auch das „Nein" durch ein „Stopp" oder ein anders Wort ersetzen und das „Fein" behalten.
Machen Sie es sich und Ihrem Hund so einfach wie möglich.

01

02

*01 Präsentieren Sie Ihrem Hund das Futter auf der ausgestreckten Hand.*

*02 Sagen Sie z. B. „Nimm's" und lassen Sie Ihren Hund einen Moment fressen.*

*03 Schließen Sie Ihre Hand und sagen Sie „Nein".*

*04 Schnell wird Ihr Hund lernen, welche Bedeutung die geschlossene Hand hat.*

*05 Er wird nun erst an das Futter gehen, wenn Sie „Nimm's" sagen und gleichzeitig Ihre Hand öffnen.*

05

# ABBRUCHSIGNAL
## — *„Nein" trainieren*

**Im Umgang mit dem Hund hat die verdeckte Hand ebenfalls eine Bedeutung, z. B. wenn es um das Beibringen eines Abbruchsignals geht.**

*03*

*04*

Stellen Sie sich also vor, Sie wollen Ihrem Welpen das „Nein" beibringen. Dazu nehmen Sie ein Leckerli in die Hand und präsentieren Ihrem Welpen das Futter zunächst auf der ausgestreckten Hand, so, wie man es von dem Füttern von Pferden kennt. Ihre innere Handfläche signalisiert Ihrem Hund also: Du bekommst etwas Tolles von mir, ich biete dir etwas an, ich öffne mich dir gegenüber mit dieser Geste. Zusätzlich können Sie in dem Moment der Futtergabe so etwas sagen wie „Nimm's". Wiederholen Sie diesen Vorgang einige Male, bieten Sie Ihrem Welpen also ein paarmal nacheinander ein Stück Futter aus Ihrer geöffneten und ausgestreckten Hand an. Schnell wird Ihr Welpe verstehen, dass Ihre geöffnete und ausgestreckte Hand etwas Gutes, in diesem Fall Futter, bedeutet. Nun ist der Zeitpunkt gekommen, an dem Sie Ihre Hand zu einer Faust schließen und „Nein" sagen, sobald Ihr Welpe das Futter nehmen möchte. Automatisch präsentieren Sie Ihrem Welpen nun eine geschlossene Hand. Schnell wird er lernen, was das „Nein" im Gegensatz zum „Nimm's" bedeutet. Die Bedeutung der offenen Handfläche und die der geschlossenen lernt er dabei ganz nebenbei mit.

## FÜSSE

Unsere Füße tragen uns nicht nur, sie mobilisieren außerdem Energie, die notwendig ist, um unseren Körper aufrecht zu halten. Das ist wichtig und nötig, da unsere Wirbelsäule sich seit der Zeit des Auf-allen-vieren-Gehens nicht wesentlich verändert hat und eigentlich nicht dazu geeignet ist, unseren gesamten Körper aufrecht zu tragen.
Der gesunde und bewegliche Fuß hält Kontakt zu allen Körperteilen. Wer von Ihnen schon einmal in einem Barfußpark war, weiß, was ich damit meine. In solchen Parks geht man über verschiedene Untergründe, wie Sand, verschiedene Steine, Grasboden, Holz oder lehmigen Boden, und spürt das Gefühl, was die Füße berühren, im ganzen Körper.

Eine wichtige Bedeutung kommt außerdem der Fußspitze zu. Zeigt die Fußspitze nach außen, sind Sie vermutlich noch an etwas anderem, an einer weiteren Information interessiert. Man könnte es so formulieren: Sie kennen Ihr Ziel, nehmen aber einen kleinen informativen Umweg, um besser informiert zu sein.
Zeigt die Fußspitze nach innen, übernimmt sie eine bremsende Funktion. Sie blockieren sich beim Gehen selbst.
Beweglichkeit kommt in Ihre Fußstellung, sobald Sie den festen Stand, Ihren Standpunkt, verlassen und somit den ersten Schritt machen. Möchten Sie also ein Gespräch beginnen, egal ob mit einem Menschen oder mit einem Hund, müssen Sie Ihren bisherigen Standpunkt verlassen und sich öffnen.

*Ein guter Ausgangspunkt: Mit beiden Füßen fest auf dem Boden.*

*So haben Sie eine gute Standsicherheit.*

*Und sie bietet auch Schutz für Ihren Hund.*

Schon im Stehen zeigt sich, wo jemand auf seinen Füßen steht. Steht jemand tendenziell mehr auf seinen Fersen, ist er eher reserviert. Der Körper wird in dieser Haltung automatisch etwas zurückgelehnt sein. Wer aus dieser Position startet, kann das nur mit Verzögerung tun, da er ja seinen Körper erst zur Mitte hin verlagern muss, bevor er überhaupt losgehen kann.
Wer hingegen häufig auf den Ballen steht, neigt zu schnellen Reaktionen, der Körper bewegt sich mit jedem Schritt nach vorne. Die optimale Balance im Stand hat, wer zwischen Ballen und Ferse, also „mittig", steht. Selbstbewusste Menschen, und auch Hunde, verdeutlichen bereits mit der Art ihres Gehens ihren Standpunkt. Sie werden selten rennen, sondern jeden Schritt so bemessen, dass ihre Füße bzw. Pfoten genug Zeit haben, um Bodenkontakt zu bekommen.

**RICHTIG STEHEN**

Richtig stehen bedeutet, dass Ihre beiden Füße festen Bodenkontakt haben. Das Fußgelenk über Ihrem Fuß sollte jedoch locker sein, nicht verkrampft. Wie jemand steht, sagt wortwörtlich etwas über seinen Standpunk aus. Es kommt ein Bewusstsein zum Ausdruck, eine innere Haltung.

## DER IDEALE KÖRPERLICHE STAND ...

... und was die Art zu Gehen über einen Menschen aussagt.
Ein guter Ausgangspunkt ist immer einer, bei dem Sie mit beiden Beinen beckenbreit auf dem Boden stehen.
Wer seinen Standpunkt optimal vertreten will, steht fest mit beiden Füßen auf dem Boden. Einen „festen" Standpunkt zu vertreten, ohne dabei Muskeln und Gelenke zu sperren, kann man lernen (z. B. bei allen asiatischen Kampfsportarten). Aber nicht nur dort. Um das richtige Stehen und die körpersprachliche Kommunikation mit dem Hund generell zu erlernen, bietet sich das körpersprachliche Longieren an. Samy El Ayachi beschreibt in seinem Buch „Körpersprachliches Longieren mit Hund" detailliert, wie man mittels Körpersprache nahezu perfekt mit seinem Hund kommunizieren kann.

# WIRKUNG UND BEDEUTUNG — *Was der Körper des Hundes sagt*

# STIMMUNGEN ÜBERTRAGEN

**Im Großen und Ganzen verstehen wir unsere Hunde häufig rein intuitiv, ohne immer im Detail zu wissen, warum. Dabei ist die Lösung ganz einfach: Die Körpersprache unserer Hunde ähnelt in vielen Punkten unserer menschlichen Körpersprache.**

Auch was die sozialen Strukturen betrifft, gibt es viele Gemeinsamkeiten. Begegnet Ihnen z. B. ein Hund mit durchgestreckten Beinen, starrem Körper, aufgestellten Rückenhaaren und gebleckten Zähnen, haben Sie zu Recht Respekt. Und jeder, der einen Hund hat, kennt die freundlich bis unterwürfigen Gesten der Kontaktaufnahme, wie das Anstupsen, das Handlecken oder das Pfote-Auflegen.

Dieses intuitive Verstehen kann allerdings auch zu Missverständnissen in der Kommunikation zwischen Mensch und Hund führen. Das passiert meist dann, wenn einzelne körpersprachliche Signale isoliert und nicht im Gesamtkontext betrachtet werden. Ein passendes Beispiel dafür ist das Schwanzwedeln eines Hundes. Noch immer halten viele Menschen dieses Ausdruckselement für

*Hunde drücken ihre Stimmungen und Gefühle durch ihre Körpersprache aus.*

*01 Kontaktaufnahme auf Distanz.*

*02 Vorsichtige Annäherung.*

*03 Behutsamer Körperkontakt durch leichtes Streicheln der Brust …*

ausnahmslos freundlich. Dass das Schwanzwedeln mitnichten immer mit freundlichem Verhalten gleichzusetzen ist, hat der ein oder andere leidvoll am eigenen Körper erfahren. Oder das Zähnefletschen auf der anderen Seite. Nicht immer ist ein zähnefletschender Hund aggressiv oder steht kurz vor dem Angriff. Wichtig ist daher bei der Beurteilung der Gesamtkontext aller körpersprachlichen Signale, gekoppelt an die momentane Stimmung und Situation.
Identische körpersprachliche Signale können also unterschiedlich eingesetzt werden und drücken in verschiedenen Kombinationen verschiedene Absichten aus.

Die Körpersprache ist für die soziale Kommunikation mit Artgenossen von großer Bedeutung. An Körperhaltung, Ruten- und Ohrenstellung können Hunde erkennen, wie ihnen ihr Gegenüber gesinnt ist. In Kombination mit der Mimik und den geruchlichen Informationen, die ein Hund preisgibt, kann der jeweils andere Hund schnell einschätzen, mit wem er es zu tun hat. Und die körpersprachlichen Signale des anderen lesen zu können, ist die beste Möglichkeit, um z. B. Konflikte zu vermeiden. Wir Menschen sind daher gut beraten, wenn wir niemals vorschnell eine pauschale Aussage über das Verhalten eines Hundes fällen. Für uns Menschen bedeutet

*04 ... und Streicheln des Rückens.*

*05 Verbindlichkeit herstellen durch Nähe.*

*06 Arian schließt sich noch etwas unsicher dem unbekannten Menschen an.*

das, dass es sehr hilfreich ist, wenn wir die Körpersprache unseres Hundes lesen und ihm dementsprechend begegnen können. Nähern Sie sich einem Hund, den Sie nicht kennen, ist es ratsam in die Hocke zu gehen, den Hund nicht direkt anzustarren und ihm ruhig die Hand zur geruchlichen Kontaktaufnahme anzubieten. Auf keinen Fall sollten Sie sich groß vor ihm aufbauen und von oben versuchen, ihm den Kopf zu tätscheln. Ihre Hand sollte sich zunächst immer von unten nähern und den Hund zunächst an Brust oder Hals kraulen. Schnell werden Sie merken, was dem Hund gefallt und wie schnell Sie sich ihm annähern können.

## NEUTRAL GESTIMMT

Ein freundlich gestimmter Hund hat eine entspannte, weiche Körperhaltung. Nichts an ihm wird verkrampft oder starr.
Der normale bzw. neutrale Ausdruck eines Hundes lässt sich folgendermaßen beschreiben: Der Kopf des Hundes ist leicht gehoben, die Beine sind leicht gewinkelt (je nach Rasse), die neutrale Schwanzhaltung ist ebenfalls rasseabhängig. Ein Mops hat z. B. immer eine Ringelrute, ein Greyhound fast immer einen zwischen den Beinen eingeklemmten Schwanz. In beiden Fällen sind diese Schwanzhaltungen rassetypisch und haben vordergründig nichts

über die momentane Stimmung des Hundes zu sagen – ein Greyhound präsentiert sich fast ständig mit eingeklemmter Rute, ist deshalb aber nicht zwangsläufig ängstlich oder unsicher. Bei einigen Rassen hängt der Schwanz leicht gebogen herab, z. B. Pointer oder Labrador, bei anderen beschreibt der Normalausdruck eine Dauerimponierhaltung, z. B. Pudel oder viele Terrier. Den einen „Normalausdruck" gibt es bei unseren Hunden also nicht, da Zucht und Nachfrage verschiedene Schwanzformen kreiert haben. Nicht selten kommt es deshalb zu Kommunikationsproblemen zwischen Hunden.

Bei der Ohrenhaltung verhält es sich ähnlich. Es gibt Hunde mit Steh-, Knick- oder Schlappohren. Auch hier deutet die Haltung der Ohren nicht zwangsläufig auf eine bestimmte Intention des Hundes hin. Ein Schäferhund oder ein Spitz haben Stehohren und ein Cocker Spaniel hat Hängeohren – bei beiden Hundetypen ist das der normale bzw. der neutrale Ausdruck. Wie auch bei der Rutenhaltung, ist der situative Kontext entscheidend, in dem eine bestimmte Ruten- oder Ohrenhaltung gezeigt wird. Nur das jeweilige Gesamtbild lässt eine Interpretation des momentanen Verhaltens zu.

*Neugierig und unerschrocken läuft dieser Welpe vorwärts, sein Körper ist entspannt.*

*Die angespannte Körperhaltung des linken Hundes verrät: „Ich weiß nicht, ob du mir freundlich gesonnen bist, daher verhalte ich mich erst einmal vorsichtig, abwartend."*

## ENTSPANNT UND GELASSEN

Ein entspannter und gelassener Hund sieht von der Körperhaltung her aus wie ein neutraler bzw. freundlicher Hund. Der Körper und alle Muskeln sind entspannt, Ohren und Rute hängen locker herunter und der Blick des Hundes richtet sich auf kein bestimmtes Ziel. Hat irgendetwas die Aufmerksamkeit eines entspannten Hundes erregt, hebt er den Kopf ein Stück an, stellt seine Ohren nach vorne und spannt seinen gesamten Körper ein wenig an.

## NEUGIERIG

Neugierige Hunde können von ihrem Naturell her sowohl mutig und selbstbewusst, als auch unsicher und ängstlich sein. Neugierig sein ist sozusagen eine Tendenz, die aus der einen oder anderen Persönlichkeit erwachsen kann. Ein neugieriger Hund sieht körpersprachlich ähnlich wie ein freundlicher und aufgeschlossener Hund aus. Der Körper ist entspannt bis leicht angespannt, die Rute hängt locker herab, die Ohren sind in Richtung des Gegenübers gerichtet, genau wie der Blick, der interessiert guckt aber nicht fixiert.

*Vorsicht ist die Mutter der Porzelankiste: Höfliche Annäherung zweier Hunde, die sich nicht kennen.*

# RESPEKTVOLL
## — *Der richtige Umgang*

*01*

*02*

### VORSICHTIGE KONTAKTAUFNAHME

Je lockerer und offener sich jemand bewegt und seinen Bewegungsspielraum nutzt – egal ob Mensch oder Hund – desto mehr demonstriert er Souveränität und Angstfreiheit.

Andersherum: Je verhaltener und geschlossener sich jemand bewegt oder verhält, desto vorsichtiger ist er – auch das gilt für Mensch und Hund.

Möchten Sie also mit einem eher zurückhaltenden Hund Kontakt aufnehmen, fallen Sie nicht gleich mit der Tür ins Haus. Nähern Sie sich vorsichtig, gehen Sie vielleicht in die Hocke und probieren Sie aus, ob und wann der Hund mit Rückzug reagiert. Auf keinen Fall sollten Sie einen unsicheren Hund via Blick fixieren, Sie könnten ihn damit regelrecht „weggucken". Sprechen Sie ihn freundlich, mit möglichst sanfter Stimme an und strecken Sie Ihre Hand bzw. Ihren Arm in Richtung Hund. Gerne können Sie ihm auch ein Stück Futter anbieten. Ist der Hund nah bei Ihnen und sozusagen „an Ihrer Seite", können Sie ihn vorsichtig streicheln.

03

04

01 *Gehen Sie in die Hocke, machen Sie sich klein und strecken Sie Ihrem Hund Ihre Hand zwecks Kontaktaufnahme hin.*

02 *Nimmt Ihr Hund diese an und bewegt sich in Ihre Richtung, neigen Sie Ihren Körper in die andere Richtung.*

03 *Sprechen Sie Ihren Hund freundlich an, und ziehen Sie Ihre Hand immer mehr an Ihren Körper heran.*

04 *Ist Ihr Hund bei Ihnen angekommen, können Sie ihn vorsichtig streicheln – wildes Tätscheln des Kopfes ist unerwünscht.*

*„Hey, wer bist denn du?", fragt der kleine Welpe ganz vorsichtig den erwachsenen Hund.*

## FREUNDLICHE KONTAKTAUFNAHME

Ein Hund, der Sie (oder einen anderen Hund) mag, wird Ihnen freundlich und aufgeschlossen begegnen. Er wird sich Ihnen in „normaler" Haltung nähern. Dabei ist der gesamte Körper weich und entspannt, die Rute hängt locker herunter, die Ohren sind nach vorne gerichtet und Schnauzenkontakte sind möglich.

Ideal ist es, wenn Sie während der Begrüßung mit Ihrem Hund in die Hocke gehen. Sie befinden sich nun auf „Augenhöhe", Ihr Hund muss nicht an Ihnen hochspringen, um Sie nach Hundeart freundlich zu begrüßen und Ihnen damit zu sagen „Ich mag dich". Entscheidend ist, dass Sie Ihren Hund ausgiebig begrüßen und damit dieses so wichtige Ritual mit ihm teilen. Eine ausgiebige Begrüßung zeugt von Verbundenheit und Zuneigung.

schließlich wendet er den Kopf damit ab, kann das Geschehen theoretisch nicht sofort erfassen. Sicherlich kennen Sie folgende Situation: Sie sitzen auf einem Stuhl oder auf dem Sofa und Ihr Hund kommt an und schiebt sein Hinterteil gegen Ihre Knie. Sie verstehen sofort, was Ihr Hund möchte, und kraulen ihm das Hinterteil. Das ist Zuneigung pur – von beiden Seiten.
Auch unter Hunden kann man diese Art der Zuneigungsbekundung beobachten. Besonders Hunde, die miteinander leben, sich kennen und mögen, reiben gerne ihr Hinterteil oder auch die Schultern aneinander.

*Diese beiden fühlen sich in jedem Element miteinander wohl.*

### DAS HINTERTEIL PRÄSENTIEREN

Wir Menschen empfinden es als unhöflich, wenn uns jemand seinen Allerwertesten präsentiert. Streckt uns aber unser Hund sein Hinterteil entgegen, können wir das als ein Kompliment werten.
Wendet ein Hund also Ihnen oder einem anderen Hund sein Hinterteil zu, ist das eine freundschaftliche Geste seinerseits, die von Vertrauen und Sympathie zeugt. Denn

## SPIEL MIT MIR!

Besonders Welpen und junge Hunde spielen sehr gern, viel und intensiv. Im Spiel können sie spätere Verhaltensweisen ohne Ernstbezug „üben“. Ganz nebenbei schulen sie ihre körperlichen Fähigkeiten und lernen ihre eigenen Grenzen und die ihres Spielpartners kennen. Die Vorderkörpertiefstellung ist die wohl bekannteste und typischste Spielaufforderung.

Sie wird von Hunden sowohl gegenüber Hunden, als auch gegenüber Menschen eingesetzt. Hierbei knicken die Vorderbeine des Hundes am Ellenbogen ein und das Hinterteil wird nach oben gestreckt, wobei die Rute meist begleitend enthusiastisch hin und her wedelt (dazu später eine deutlichere Beschreibung, siehe S. 54). Probieren Sie es doch einmal auf dem Wohnzimmerteppich aus, fordern Sie Ihren Hund zu einem kleinen Spielchen auf.

## SPIELEN IST LEBENSWICHTIG

Spielen ist für die normale und artgerechte Entwicklung eines Hundes absolut notwendig. Spielt er nicht, ist die Gefahr groß, dass er sich zu einem Sozialkrüppel entwickelt.
Der Grund dafür ist, dass das Spiel niemals zweckfrei ist. Bereits im Spiel wird der „Ernstfall" durchgespielt.

*„Spiel mit mir!", sagt die Körpersprache des Golden Retriever-Rüden.*

## BEISSHEMMUNG

Besonders wichtig ist in diesem Zusammenhang das Erlernen der Beißhemmung. Welpen kennen noch keine Beißhemmung. Denn diese ist nicht, wie viele es noch immer glauben, angeboren. Erst in der spielerischen Auseinandersetzung mit Geschwistern und anderen Hunden lernen sie allmählich, dass zu heftiges Beißen eine unangenehme und schmerzende Reaktion des Gegenübers auslöst.

*Armstrong gibt alles, kann Casta aber noch nicht überzeugen.*

*„Mal schauen, was noch aus uns zwei Hübschen wird!"*

Spieltypisch ist außerdem, dass Elemente aus verschiedenen Funktionskreisen gezeigt und frei miteinander verbunden werden. Ein Hund kann z. B. aus der Vorderkörpertiefstellung heraus ein Rennspiel starten und anschließend versuchen, bei seinem Spielpartner aufzureiten.

## ÜBER-DIE-SCHNAUZE-BEISSEN

Das Über-die-Schnauze-Beißen zeigt ein Hund, wenn er einen Welpen, einen Junghund oder einen rangniedrigeren Hund in seine Schranken verweisen möchte. Dieses Verhalten ist stark ritualisiert und lässt sich auch als Spielsequenz beobachten.

Viele Hundehalter imitieren dieses hündische Verhalten, um ihren Hund zu reglementieren und ihm zu sagen, dass er das, was er gerade tut, lassen soll. Man kann das so machen, muss es aber nicht. Wie schon erwähnt, wissen Hunde ganz genau, dass wir Menschen sind, und verstehen daher natürlich auch unsere Körpersprache, Mimik und Gestik, wenn sie denn eindeutig ist. Wir brauchen uns also nicht wie Hunde zu verhalten.
Wer seinem Hund aber durch ein Über-die-Schnauze-Greifen in seine Schranken weisen möchte, kann das tun. Diese Handlung ist für Ihren Hund auf jeden Fall verständlich, im Gegensatz zu dem häufig praktizierten Nackenschütteln, dem Auf-den-Boden-Drücken oder dem An-den-Ohren-Ziehen.

*„Fang mich, wenn du kannst!", möchte dieser Ridgeback sagen.*

*Entspanntes Spiel entsteht besonders häufig…*

## VORDERKÖRPERTIEFSTELLUNG

Die Vorderkörpertiefstellung ist eine von Hunden besonders häufig gezeigte Spielaufforderung. Hunde zeigen sie sowohl gegenüber Hunden, als auch gegenüber Menschen. Dabei senkt der Hund den Vorderkörper, die stark angewinkelten Vorderbeine werden nach außen gespreizt auf den Boden gedrückt. Das Hinterteil wird nach oben heraus gedrückt, der Schwanz wedelt auffordernd hin und her und der Kopf wird mittig und locker gehalten, kann aber auch schief gelegt werden. Aus dieser Haltung kann der Hund plötzlich aufspringen und weglaufen, um z. B. ein Rennspiel zu starten. Gerade Welpen und junge Hunde hopsen aus dieser Stellung gern wild durch die Gegend. Aber auch ältere Hunde lassen sich ab und an noch auf ein Spiel ein.

*... unter Hunden, die sich kennen und mögen.*

## STRESS UND UNSICHERHEIT

Ein unsicherer Hund wirkt insgesamt angespannt und verspannt, der Blick ist unruhig und ungerichtet und der Mundwinkel ist leicht nach hinten gezogen. Durch diese Verlängerung sehen unsichere Hunde manchmal aus, als würden sie irgendwie „komisch grinsen".

Die Ohren werden abgeklappt und nach hinten bewegt, der Kopf wird gesenkt. Der gesamte Körperausdruck eines unsicheren Hundes wird durch eingeknickte Gliedmaßen und eine eingeknickte Rute gekennzeichnet. Ein direkter Blickkontakt wird vermieden. Es ist eher der ausweichende Blick, der den unsicheren Hund kennzeichnet. Nicht alle diese Merkmale müssen, sie können aber zutreffen.

*Vorsichtig nähern sich diese beiden Ridgeback-Rüden …*

*… und entscheiden sich für ein gemeinsames Spiel.*

## ICH BIN DER TOLLSTE!

Selbstsichere aber durchaus auch unsichere Hunde, zeigen gegenüber anderen Hunden Imponierverhalten. Besonders häufig kann man dieses Verhalten beobachten, wenn sich zwei Rüden begegnen. Imponierverhalten kann schnell in aggressive Verhaltensweisen wie Drohen oder einen Angriff übergehen (eher selten).
Ein imponierender Hund möchte zunächst einmal seine eigene Überlegenheit demonstrieren. Meistens auch mit der Hoffnung, eine ernsthafte Auseinandersetzung zu vermeiden. Begegnen sich also z. B. zwei Hunde auf der Straße, zwei Rüden vorzugsweise, werden diese in aller Regel zuerst einmal imponieren. Sie gehen dabei steifbeinig umeinander herum und drücken dabei ihre Gelenke ordentlich durch. Dadurch wirken sie größer und somit imposanter. Der Schwanz wird dabei so hoch wie möglich getragen und „wedelt" dabei angespannt hin und her. Beide Hunde versuchen in der Regel, sich in der Analregion oder im Schnauzenbereich zu beriechen.
Charakteristisch für solche Begegnungen ist, dass, wenn irgendwie möglich, jeder Blickkontakt vermieden wird.
Das Imponiergehabe eines Hundes hat viele Gesichter. Imponierende Hunde können Scharren, Markieren oder Aufreiten.

*Unterschiedliche Größenverhältnisse …*

## AGONISTISCHES VERHALTEN

Biologisch betrachtet gehören sowohl das Drohen als auch das Beschwichtigen zum sogenannten „agonistischen“ Verhalten. Hiermit bezeichnet man das Verhalten zweier Artgenossen, wenn eine rivalisierende Situation damit im Zusammenhang steht, wie das Unterschreiten der Individualdistanz, das Erheben von Revieransprüchen oder das Konkurrenzverhalten um Futter. Zum agonistischen Verhalten gehören sowohl aggressive als auch defensive Verhaltensweisen. Da wären z. B. Drohen, Angreifen, Imponieren, Beschwichtigen, Verteidigen, Unterwerfen oder Fliehen. Auch Übersprungshandlungen zählen dazu. Agonistisches Verhalten hat einen ganz natürlichen Sinn: Es sichert die lebensnotwendigen Ansprüche wie Nahrung, Territorium, Fortpflanzungspartner, Schutz der Nachkommen und des eigenen Körpers sowie Aufbau und Erhaltung der Rangordnung. Letzteres beeinflusst die Art des agonistischen Verhaltens. Ranghohe Hunde sind eher aggressiv, rangniedrige verhalten sich eher defensiv. Aber auch hier gilt: Pauschalaussagen für das Verhalten eines Hundes gibt es nicht.

*... sind kein Hindernis, einander kennenzulernen.*

*Der Versuch aufzureiten, kann aus einer spielerischen Situation entstehen.*

## AUFREITEN

Reitet ein Hund bei einem anderen auf, hat das nicht immer eine sexuelle Bedeutung. Ausgenommen natürlich ein Rüde, der eine läufige Hündin besteigt, um sich zu paaren. Es gibt aber auch andere Gründe. Es kann z. B. ein Zeichen von Überlegenheit bzw. Dominanz sein. Auch Welpen und Junghunde reiten auf. Sie testen spielerisch, was später ernst gemeint ist. Eingeleitet wird dieses Verhalten meist durch den ranghöheren Hund, der i. d. R. zuerst seine Pfote, dann seinen Kopf und zuletzt seinen ganzen Oberkörper auf den Rücken des anderen schiebt. Das Geschlecht ist hier unerheblich. Es reiten sowohl Rüden bei Rüden, Hündinnen bei Hündinnen oder Hündinnen bei Rüden usw. auf.

## T-STELLUNG

Bei der T-Stellung oder auch T-Sequenz schiebt sich ein Hund unter den Kopf-Hals-Bereich eines anderen Hundes und bleibt so stehen, dass er mit seinem Körper den Querbalken eines T's bildet. Der Hund, der den Querbalken mimt, ist derjenige, der die Bewegung des anderen Hundes einschränkt. Diese Stellung ist hochritualisiert und in den meisten Fällen gehen die zwei T-bildenden Hunde auch wieder „wortlos" auseinander. In seltenen Fällen kommt es aus der T-Stellung heraus zu einer Kabbelei oder zu einer Beißerei. Meistens dann, wenn der Mensch sich einmischt. Überlegen Sie sich also genau, wann und wie Sie das Verhalten Ihres Hundes unterbrechen.

Folgende Situation kennt der ein oder andere von Ihnen sicher: Sie gehen mit Ihrem Hund spazieren und treffen auf einen anderen Hund. Beide Hunde sind unangeleint und beginnen, sich zu umkreisen. Dann schiebt sich ein Hund vor die Brust des anderen (T-Stellung). Nun wird Ihnen oder dem Besitzer des anderen Hundes mulmig. Was, wenn die Hunde sich gleich beißen? Damit das nicht passiert, schreiten Sie zur Tat, gehen auf die beiden Hunde zu und versuchen, diese zu trennen. Sie greifen in das Halsband Ihres Hundes und ziehen ihn rückwärts, in Ihre Richtung. So grob in ihrem ritualisierten Verhalten unterbrochen, kippt die Situation. Der weggezogene Hund beginnt zu knurren, der andere wertet dieses Verhalten als grobe Verletzung bestimmter Verhaltensregeln und beginnt nun ebenfalls zu knurren und die Zähne zu fletschen. Im besten Fall können nun beide Hundebesitzer ihre Hunde rechtzeitig anleinen, im schlechtesten Fall beginnt nun wirklich eine Beißerei. Und eine Beißerei erfolgreich zu trennen, will gelernt sein und hat viel mit Erfahrung, guten Nerven und der richtigen Technik zu tun.

*Der Terrier-Rüde signalisiert dem anderen Hund durch das Vorschieben seines Körpers: „Stopp, hier stehe ich!"*

*Owtscharka-Hündin Olga droht teils defensiv, teils offensiv – sie ist mischmotiviert.*

## DROHEN

Droht ein Hund einem anderen, ist dieses Verhalten immer auf das Gegenüber gerichtet. Der Grund des Drohens kann zwei Ursachen haben: Ein Hund kann aus Gründen der Abwehr oder des Angriffs drohen.

### OFFENSIV DROHEN

Ein offensiv drohender Hund, also ein Hund, der angreifen möchte, präsentiert sich mit gesträubtem Fell im Hals- und Nackenbereich. Gesträubte Haare wirken körpervergrößernd, genau wie die durchgestreckten Beine. Die Rute wird, je nach Rasse, so weit wie möglich über den Rücken angehoben. Hunde, deren Rute bereits im „Normalzustand" ein Dauerimponieren zeigen, legen diese bei einer Angriffsdrohung fast parallel auf den Rücken. Der Kopf wird meist leicht gesenkt gehalten, sodass er eine Linie mit dem Rücken bildet. Die Zähne werden gebleckt, wobei die Mundwinkel eher kurz und rund sind. Ist der Hund hingegen unsicher, wird der Lippenspalt länger. Der offensiv drohende Hund fixiert seinen Gegner mit seinem Blick und klappt die Ohren nach hinten.

Dieser optische Ausdruck wird von vielen Hunden zusätzlich akustisch untermalt. Sie knurren, grollen oder bellen.

## DEFENSIV DROHEN

Hunde können außerdem defensiv drohen. Dabei werden die Mundwinkel langgezogen, die gesamten Zähne und das Zahnfleisch des Hundes sind jetzt gut zu sehen. Das defensive Drohen, das Drohen zu Abwehrzwecken, zeugt von sozialer Unsicherheit und signalisiert, dass der Hund sich bereits auf dem Rückzug befindet – allerdings bei voller Verteidigungsbereitschaft. Ein defensiv drohender Hund ist daher nicht zwangsläufig „ungefährlicher", als ein offensiv drohender Hund. Wie ein Hund droht, gibt uns jedoch wichtige Hinweise auf seine Gemütsverfassung, seine Persönlichkeit und seine Motivation.

*Deutlicher kann dieser Hund es nicht sagen: „Bleib fern von mir".*

# DROHGEBÄRDEN

## *— richtig deuten*

*01*

*02*

Die typischen Drohgebärden eines Hundes sind ein Zusammenschluss der unterschiedlichsten Ausdrucksmöglichkeiten:

**Steifbeiniger Gang** Erblickt der Hund einen anderen Hund, den er nicht kennt oder nicht mag, drückt er seine Beine durch, damit er größer und imposanter wirkt.

**Haare aufstellen** Im Schulterbereich aufgestellte Haare zeugen von Selbstsicherheit, ein unsicherer Hund sträubt die Haare meist über die gesamte Rückenlänge.

**Anstarren** Starrt ein Hund seinem Gegenüber direkt in die Augen, ist das eine klare Kampfansage bzw. eine Drohung. Guckt er zur Seite, will er eine Konfrontation vermeiden.

**Aufgerichtete Rute** Die aufgerichtete Rute ist zunächst einmal ein Zeichen von Selbstsicherheit. Selbst wenn die Rute dabei langsam hin und her schwingt, kann dieses Verhalten durchaus ein Teil des Drohens sein.

**Angelegte Ohren** Droht ein Hund, legt er seine Ohren an, meistens jedoch nur leicht und nicht so stark, wie bei einem ängstlichen Hund.

**Knurren und Zähnefletschen** Knurren und Zähnefletschen zeigt ein Hund, wenn er offensiv droht, es also wirklich ernst meint.

03

04

05

*01 Steifbeinig begegnen sich diese beiden Rüden.*

*02 Direkter Blickkontakt kann eine Kampfansage bedeuten.*

*03 Selbstsicher und mit aufgestellter Rute begegnen sich diese beiden Rüden.*

*04 Knurrend und zähnefletschend verteidigt die Pointer-Hündin ihr Futter.*

*05 In die Flucht schlagen möchte Olga alle, die ihr zu nahe kommen.*

*„Tu mir nichts!", signalisiert der junge Pointer und lässt die Analkontrolle zu.*

# BESCHWICHTIGUNG

Ein Hund beschwichtigt oder unterwirft sich immer dann, wenn er sich unsicher oder bedroht fühlt. Das kann sowohl auf einen Menschen, als auch auf einen Hund bezogen sein. Durch das Beschwichtigen möchte er sein Gegenüber freundlich stimmen, damit es zu keiner ernsthaften Auseinandersetzung kommt.

Wird ein Hund z. B. von einem anderen Hund angestarrt und via Blick fixiert, wird der bedrohte Hund sich klein machen und seinerseits den Blick abwenden. Auch Welpen zeigen Beschwichtigungssignale, z. B. wenn sie mit erwachsenen und ranghöheren Tieren in Kontakt treten. Sie lösen damit eine Art Aggressionshemmung aus, die allerdings nicht generell und automatisch gilt. Hierbei wird noch zwischen aktiver und passiver Unterwerfung unterschieden.

## BESCHWICHTIGUNGSSIGNALE

Um die Beschwichtigungssignale und deren Wirkungskreis tobt seit einigen Jahren eine fachliche Auseinandersetzung, angefacht durch die norwegische Hundetrainerin Turid Rugaas, die die Beschwichtigungssignale als hundliche Ausdrucksformen benennt, die vom Menschen methodisiert, zur Entspannung bestimmter Situationen eingesetzt werden können. Das Problem an den Beschwichtigungssignalen nach Rugaas ist, dass sie diese losgelöst und verallgemeinert benennt, ohne den situativen Kontext zu berücksichtigen. Und der ist unerlässlich (erinnern Sie sich an das Wedeln). 2006 bestätigte die Biologin Mira Meyer in ihrer Diplomarbeit „Die Beschwichtigungssignale der Hunde", dass viele der von Rugaas neu genannten Verhaltensweisen (siehe Tabelle), gar keinen beschwichtigenden Charakter haben. Hier gilt es zu differenzieren und genau hinzuschauen.

*„Komm, steh endlich auf!", scheint die Wäller-Hündin der Pointer-Hündin nun zu signalisieren.*

Hinzu kommt, dass unsere Hunde ja nicht blöd sind. Sie wissen genau, dass wir Menschen sind und keine Hunde. Unsere Körpersprache können sie hervorragend lesen und interpretieren. Wir können ihnen daher auch wie Menschen begegnen und müssen uns nicht wie Hunde verhalten. Schon Erik Zimen sprach hier von dem Phänomen der „Doppelten Identität" des Hundes, also der Fähigkeit, sich ihren Artgenossen und uns, einer artfremdem Spezies, anzupassen. Kaum eine andere Art ist dazu in dieser Weise fähig.

## ☞ **BESCHWICHTIGUNGSSIGNALE** NACH RUGAAS (2004)

| | | |
|---|---|---|
| Blick abwenden, Blinzeln | Im Bogen gehen | Vorderkörpertiefstellung |
| Kopf abwenden | Hinsetzen | Am Boden schnüffeln |
| Sich abwenden | Hinlegen | Dazwischengehen, Splitten |
| Nase lecken | Schwanzwedeln | Markieren |
| Erstarren, Einfrieren | Pfote heben | Lächeln |
| Langsame Bewegungen | Gähnen | Übersprungshandlungen |

*Die Dackel-Hündin möchte den Ridgeback-Rüden durch Mundwinkellecken freundlich stimmen.*

## MUNDWINKELLECKEN

Häufig versuchen Hunde, uns mit ihrer Schnauze zu stupsen und im Gesicht zu lecken. Dieses Verhalten hat nichts mit einem „unerzogenen Hund“ zu tun, wie viele Menschen fälschlicherweise immer noch glauben. Es ist vielmehr eine ritualisierte Verhaltensweise, die sich vom Mundwinkellecken der Welpen her ableitet. Wenn die Welpen nicht mehr ausschließlich gesäugt werden und die Mutterhündin etwas Tolles zu Fressen hat, stupsen und lecken die Welpen so lange in der Schnauzengegend herum, bis die Mutterhündin Futter hervorwürgt oder abgibt.

Rangniedrige Hunde benutzen diese Geste auch, um ranghohe Hunde freundlich zu stimmen.

Genau dieses Mundwinkellecken ist auch der Grund, warum Hunde zur Begrüßung gern an uns Menschen hochspringen – sie möchten unsere Mundwinkel lecken bzw. uns einmal schön durchs Gesicht schlecken.

Ein sehr selbstbewusster und dominanter Hund (gegenüber anderen Hunden aber auch gegenüber Menschen) wird dieses Lecken eher selten zeigen. Je enger die Bindung eines Hundes an seinen Menschen ist und je mehr er dessen Leitposition akzeptiert, desto häufiger

## PFÖTELN

Das Pföteln oder Pfötchengeben ist eine häufig zu beobachtende Verhaltensweise und ursprünglich eine Beschwichtigungsgeste, die ein rangniedriger Hund gegenüber einem ranghohen Hund zeigt. Es ist außerdem Bestandteil der aktiven Unterwerfung.
Beim Spiel, egal ob mit Hund oder Mensch, benutzt der Hund das Pföteln zur Spielaufforderung. In Bezug auf uns Menschen hat sich das Pföteln im Laufe der Zeit zu einer Art Bettelverhalten um Zuneigung, Streicheleinheiten oder Futter entwickelt. Warum auch immer, Pföteln ist ein Ausdruck von Freundlichkeit und Demut. Werten Sie diese Geste Ihres Hundes also nicht immer gleich als Dominanzgehabe, wie man es so mancherorts gesagt bekommt.
Nicht verwechselt werden darf das Pföteln mit dem Pfote-Auflegen eines Hundes auf den Rücken oder die Schulter eines anderen. Diese Geste ist provokant und soll Überlegenheit demonstrieren. Manchmal legt der überlegene Hund statt der Pfote sogar seine Schnauze auf die Schulter des anderen. Findet sich der unterlegene Hund nicht sofort mit dieser Position ab, kann es zu einem sogenannten Kommentkampf kommen. Dabei kommt es selten zu ernsthaften Verletzungen, ein Loch kann es aber durchaus geben.

wird er versuchen, diesem eine ordentliche Gesichtswäsche zu verpassen. Um das zu verhindern, können Sie z. B. in die Hocke gehen und Ihren Hund ausgiebig loben, wenn er keine Ansätze mehr macht, an Ihnen hochzuspringen.
Wer seinem Hund dieses Begrüßungsritual ständig verbietet, erreicht in der Regel genau das Gegenteil. Der Hund möchte schließlich, dass der Mensch seine Beschwichtigung als freundliche Geste erkennt und positiv darauf reagiert. Wer dieses Verhalten also andauernd verbietet, verwirrt seinen Hund oder animiert ihn ungewollt, nur noch heftiger zu reagieren.

*Casta beschwichtigt, Armstrong lässt sie zunächst gewähren.*

## GÄHNEN

Das Gähnen kann unterschiedliche Funktionen haben. Ganz nüchtern betrachtet, ist es zunächst eine Reflexhandlung, um vermehrt Sauerstoff in den Körper zu pumpen. Aber das ist nur die eine Seite der Medaille. Außerdem kann es genutzt werden, um das drohende Verhalten eines anderen Hundes zu „entschärfen“. Gerade souveräne Hunde gähnen, wenn sie provoziert werden, um eine mögliche Eskalation zu verhindern und nicht, weil sie müde sind.

*Das Gähnen eines Hundes kann viele Beweggründe haben. Pauschalaussagen gibt es nicht.*

Häufig wird das Gähnen auch als Beschwichtigungssignal interpretiert. Diese Meinung sollte man allerdings kritisch hinterfragen. Denn wer meint, beschwichtigen zu müssen, fühlt sich in der Regel bedroht, unsicherer und unterlegener als sein Gegenüber. Gähnen beobachtet man aber bei durchaus selbstbewussten und souveränen Hunden, die damit ihrem Gegenüber ganz gelassen demonstrieren wollen, dass das gezeigte Drohverhalten nicht das gewünschte Ergebnis erzielt – nämlich das Eingeschüchtert sein.

### KRATZEN

Sehr ähnlich wie das Gähnen ist auch das „plötzliche“ Kratzen eines Hundes zu bewerten. Es ist eine geradezu entwaffnende Verhaltensweise. Setzt sich ein Hund, der zuvor einen anderen provoziert hat, hin, um sich z. B. am Ohr zu kratzen, wird sein Gegenüber ihn kaum angreifen. Auch Sie werden dieses Verhalten kennen. Wenn Sie Ihrem Hund ein Signal geben, z. B. „Sitz“ oder „Platz“, und er gerade nicht willig ist, dieses auszuführen, sich Ihnen aber auch nicht wiedersetzen möchte, dann ist er regelrecht hin- und hergerissen, und es kommt zu einer Übersprungshandlung, dem Kratzen.

## STREIT VERMEIDEN

Begegnen sich zwei etwa gleichrangige Hunde, sind sie oft hin- und hergerissen. Einerseits möchten sie dem anderen Stärke und Souveränität demonstrieren, andererseits haben sie Respekt vor ihm.
Um die Situation zu entspannen und um Ärger erst gar nicht entstehen zu lassen, wenden sich die eigentlichen Kontrahenten voneinander ab, weil es ganz plötzlich am Wegesrand sehr spannend riecht. Manchmal fressen Hunde in einer solchen Situation auch Gras und schauen interessiert einem Käfer nach. Das gewünschte Ziel ist erreicht: Die Situation ist entspannt und jeder kann unbehelligt seiner Wege gehen, ohne dabei das Gesicht zu verlieren.
Ein so kluges und deeskalierendes Verhalten sollten wir Menschen anerkennen und nicht versuchen, Hunde zu „Freunden“ zu machen, die es nicht wollen.

## UNTERWERFUNG

**Passive Unterwerfung** In der passiven Unterwerfung findet sich keinerlei Aggressivität. Zeigt ein Hund passive Unterwerfung, möchte er dazugehören, sozial integriert werden. Hunde zeigen die passive Unterwerfung meist durch ein Sich-auf-den-Rücken-Legen. Der überlegene Hund sollte bei dieser Darbietung den Kampf sofort abbrechen. Bei der passiven Unterwerfung vermeidet der unterlegene Hund den Blickkontakt zum überlegenen Hund. Er klappt seine Ohren nach hinten und unten. Die Kopfhaut wird angespannt, wodurch das Hundegesicht welpenhaft, ergo hilflos wirkt. Fühlt ein Hund sich nicht so stark bedrängt, kann die passive Unterwerfung auch im Sitzen oder Stehen ausgeführt werden. Der abgewandte Kopf, die abgeklappten Ohren und die Vermeidung des Blickkontakts bleiben aber auch bei dieser Form der Unterwerfung bestehen.

*Stillhalten lautet die Devise. So signalisiert der Pointer der älteren Hündin seine rangniedrige Stellung.*

**Aktive Unterwerfung** Mit einer aktiven Unterwerfung möchte der Hund erreichen, dass er von seinem Gegenüber freundlich angenommen wird, er möchte dazugehören. Zuallererst lässt sich die aktive Unterwerfung zwischen jungen und/oder rangniedrigen Hunden und den ranghohen Hunden einer Gruppe beobachten. Wenn z. B. junge Hunde oder Welpen ihre Mutter, Tanten oder andere Rudelmitglieder begrüßen, verhalten sie sich geradezu aufdringlich. Sie bedrängen die älteren Hunde, lecken deren Mundwinkel oder stupsen mit ihren Schnauzen gegen deren Mundwinkel. Die Körpersignale bei aktiver Unterwerfung sind sehr vielfältig. Die Beine werden meistens eingeknickt, der Körper stark abgeduckt und die Rute wird in relativ niedriger Haltung schnell und hektisch hin und her bewegt. Aktive Unterwerfung geht häufig in ein ausgelassenes Spielverhalten über und wechselt sich dann im Spiel mit anderen Verhaltenselementen ab.

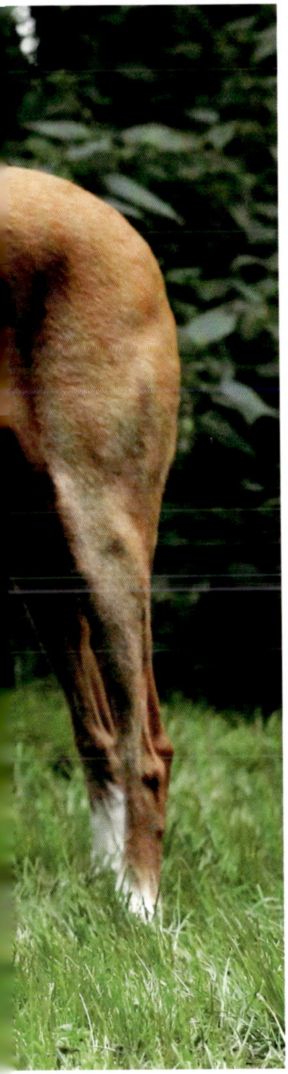

*Zwei Jungspunde testen gegenseitig ihre Grenzen aus.*

*Wer welche Rolle spielt, ist ungewiss und eine Momentaufnahme.*

## ANGST

Ein Hund, der sich unwohl fühlt oder Angst hat, wird alles vermeiden, was sein Gegenüber provozieren könnte. Der Kopf wird abgewandt, jeder Blickkontakt vermieden, die Ohren sind abgeklappt, die Mundwinkel sind weit nach hinten gezogen, ohne dass dabei Zähne gezeigt werden. Oftmals leckt sich ein ängstlicher Hund über die Schnauze oder hebt beschwichtigend die Pfote (siehe aktive und passive Unterwerfung, S. 70).

## ÜBERSPRUNGS-HANDLUNG

Dieser Begriff stammt aus der Verhaltensbiologie. Bezeichnet wird eine Verhaltensweise, die ganz plötzlich eine Handlungskette unterbricht, aber in dieser Situation vollkommen sinnlos ist und ihre eigentliche biologische Funktion nicht erfüllt. Bei Hunden treten Übersprungshandlungen auf, wenn sie verunsichert sind und nicht wissen, wie sie sich verhalten sollen. Überfordern Sie Ihren Hund z. B. im Training, verlangen Sie also Dinge, die er entweder noch gar nicht richtig gelernt hat oder die ihn vom Trainingsniveau her überfordern, kann es zu einer Übersprungshandlung kommen, z. B. Gähnen, Kratzen.

*Kratzen kann, muss aber keine Übersprungshandlung sein. Manchmal juckt einfach nur das Ohr.*

*Sich-über-die-Schnauze-Lecken kann eine Übersprungshandlung sein, muss es aber nicht.*

*Freundschaftliches Miteinander zwischen Mensch und Hund.*

## TERRITORIAL-VERHALTEN

Territorialverhalten ist eine Folge des Überlebenstriebes und in jedem Lebewesen genetisch programmiert, auch in uns Menschen und unseren Hunden.
Die erste Territorialzone ist unser eigener Körper. Die zweite Territorialzone wird durch die Entfernung bestimmt, die zum Schutz unseres eigenen Körpers vor Angriffen notwendig ist. Eine dritte Territorialzone ist das Gebiet, das wir oder unser Hund zur Sicherung von Nahrung und „Revier" oder Lebensraum beanspruchen. Jedes Eindringen in unseren Körper gegen unseren Willen ist eine territoriale Verletzung und sollte ein absolutes Tabu sein. Gleiches sollte für den Umgang mit unseren Hunden gelten. Einen Hund körperlich und seelisch „zu brechen" kann und darf niemals der Weg sein. Territoriale Signale – insofern es um den eigenen Körper und die eigene Unversehrtheit geht – müssen respektiert werden. Bemühen Sie sich also, Ihren Hund nicht zu etwas zu zwingen, sondern ihn zu etwas zu motivieren.

# KÖRPERSPRACHE
## — *im Hundetraining*

# HUNDE LESEN LERNEN

**Auch im Hundetraining machen wir es uns und unseren Hunden einfacher, wenn wir ihre Zeichen der körpersprachlichen Kommunikation lesen und für unsere Zwecke nutzen können.**

Damit alles so gut wie möglich klappt, machen Sie sich bereits vor jeder Trainingseinheit klar, was Sie mit Ihrem Hund üben wollen. Jedes Training beginnt in Ihrem Kopf. Trainieren Sie nicht zu viele Dinge und zu lange auf einmal.

Ein neues Verhalten muss oft und unter den verschiedensten Bedingungen trainiert werden, bis es generalisiert, gespeichert und somit jederzeit abrufbar ist. Häufige Wiederholungen bewirken einen Automatisierungsprozess und das Gelernte geht so in Fleisch und Blut über.

## KLARE ANSAGEN

Körpersprachlich klare und deutliche Ansagen können bereits bei den alltäglichsten Übungen eine große Hilfe sein. Nehmen wir z. B. das An-der-Leine-Gehen. Soll Ihr Hund korrekt an der Leine gehen, sich an Ihnen orientieren, ohne zu ziehen oder im Zickzack vor Ihren Füßen herumzulaufen, müssen ganz klar „Sie" die Richtung und das Tempo vorgeben. Achten Sie dabei auf Ihre Körperhaltung und auf Ihre Körperspannung.

*Alle Zeichen stehen auf Spaß und Spiel bei Hund und Mensch.*

*01 Gehen Sie los und überprüfen Sie kurz, ob Ihr Hund aufmerksam ist.*

*02 Suchen Sie sich ein Ziel in der Ferne und steuern Sie dieses mit erhobenem Kopf an.*

*03 „Du machst das toll", sagt ihr kurzer Blick ihrem Hund.*

*04 Der Hund erwidert den Blick.*

*05 Harmonisches Miteinander und gemeinsames Gehen – so soll es sein.*

*Gemeinsames Gehen und Orientierung am Menschen hat viele Gesichter.*

Gehen Sie gerade aufgerichtet, mit lockeren Schultern und richten Sie Ihren Blick auf das nächste Ziel auf Ihrer Strecke, z. B. auf einen Baum. Somit vermeiden Sie, dass Sie beginnen, Kurven zu laufen. Richten Sie Ihren Blick also immer auf Ihr Ziel und nicht auf Ihren Hund. Es ist nämlich kaum möglich, eine gerade Strecke zu laufen, wenn man ständig nach unten sieht. Außerdem könnte Ihr Hund meinen, Sie bräuchten seine Rückversicherung, weil Sie ihn dauernd ansehen.

## DURCH ENGPÄSSE GEHEN

Eine weitere, gute Übung ist das „Durch-Engpässe-Gehen". Dabei geht es nicht darum, dass Sie IMMER zuerst durch jede Tür gehen, sondern dass Sie Ihrem Hund gegenüber von Zeit zu Zeit Ihren Standpunkt definieren. Dazu können Sie eine Treppe hinauf- oder hinabgehen (Ihr Hund muss dabei hinter Ihnen gehen), durch ein Gartentor oder einen schmalen Pfad entlang gehen. Sie laufen in jedem Fall voraus und sondieren die Lage, sehen und bewerten die Dinge vor Ihrem Hund. Denken Sie nur an Ihre Kindheit zurück. Sicherlich erinnern Sie sich an folgende Situation: Ihre Mutter oder Ihr Vater schickten Sie in den Keller oder in die Garage, um etwas heraufzubringen. Als Kind hat Ihnen diese Anweisung Angst gemacht. Der dunkle Keller, die steile Treppe usw. Wie erleichtert waren Sie, wenn Ihre Mutter Ihnen anbot, mit in den Keller zu gehen und die Treppe vor Ihnen hinabzusteigen. Der Druck, sich als erster einer unsicheren Situation zu stellen, war genommen, Ihre Mutter bot Ihnen Führung und Sicherheit an – ein schönes Gefühl. Dieses Gefühl der Sicherheit und des Vertrauens sollten Sie auch Ihrem Hund vermitteln.

## MOTIVATION

Einen Hund körpersprachlich zu motivieren, ist gar nicht so schwer. Wichtig ist, dass Sie echt und authentisch bleiben und stets innerlich wollen, was Sie nach außen hin tun. Denn nur dann wird Ihr Hund Ihnen Ihr Vorhaben auch abnehmen.

*Motivation und gegenseitiges Vertrauen ist alles.*

## NÄHE HERSTELLEN

Körperliche Nähe ist etwas Wunderbares und Natürliches. Das empfinden Mensch und Hund gleichermaßen.
Diese Form der körperlichen Kommunikation dient dem Zusammenhalt von Bindungspartnern, sie schafft und stärkt Vertrauen und ein Gefühl der Zusammengehörigkeit. Bei Hunden ist das sogenannte Kontaktliegen häufig bei Tieren zu beobachten, die sich kennen und mögen. Wenn Sie also mit Ihrem Hund kuscheln, dann ist das viel mehr als eine gemütliche Sofarunde. Sie bestätigen einander, dass sie sich mögen und sich vertrauen, sich Nahe sind.
In der Arbeit mit Ihrem Hund, können Sie Nähe auch ganz gezielt herstellen.

## BINDUNG UND BEZIEHUNG

Die beiden Begriffe Bindung und Beziehung werden häufig verwechselt bzw. viele Menschen wissen nicht, worin eigentlich der Unterschied besteht und würfeln beide Begrifflichkeiten munter durcheinander.

*Eine gute Bindung kann man nicht …*

Eine Beziehung ist etwas, was man sehr schnell und mit allen möglichen Menschen oder auch Hunden haben kann. Sie können z. B. eine gute oder schlechte Beziehung zu Ihren Nachbarn oder Arbeitskollegen haben. Man kennt sich, man schätzt sich und ist freundlich zueinander. Nicht mehr und nicht weniger.

Bindung hingegen bedeutet, dass zwischen Ihnen und Ihrem Hund eine innere Verbindung besteht, ein festes Band der Zuneigung und des Vertrauens geknüpft ist. Im Idealfall sind Sie der „sichere Hafen" für Ihren Hund, in den er jederzeit und bei jeder Wetterlage einlaufen kann. Sie sind das „Heimatgefühl" Ihres Hundes.

*... wie Sitz, Platz, Fuß trainieren. Persönlichkeit und Empathie weisen den Weg.*

02

01

*01 „Komm zu mir", bedeutet diese körpersprachliche Einladung.*

*02 Pointer-Rüde Bond nimmt die Einladung gern an.*

*03 Er freut sich über die Streicheleinheiten.*

*04 Gähnen muss nicht immer Stress oder Beschwichtigung bedeuten.*

*05 Körperliche Nähe ist etwas wunderschönes für Mensch und Hund.*

05

# NÄHE ZUM HUND
## *— Vertrauen schaffen*

*03*

*04*

Nähe zum Hund herzustellen, um somit Vertrauen zu schaffen, ist eine sehr individuelle Angelegenheit. Ähnlich wie bei „Respektvoll – der richtige Umgang" (siehe S. 48), hat „Nähe herstellen" viel mit Körpersprache, stimmlicher Ansprache, Gestik und Mimik zu tun.
Dem einen Hund hilft ein eher beherztes Anfassen und in machen Fällen sogar ein Festhalten, den anderen ängstigt so viel körperliche Nähe eher. Hier braucht es Gefühl und Einfühlungsvermögen Ihrerseits.
Den Hund zu berühren, ist in den meisten Fällen jedoch eine gute Idee. Wie auch wir Menschen, genießen Hunde freundliche und somit positive Berührungen. Scheuen Sie sich also nicht, Ihren Hund anzufassen. Probieren Sie aus, wo und wie es ihm am besten gefällt. Weicht Ihr Hund von Ihnen, wenn Sie ihn berühren, sollten Sie nicht unbedingt mit Ihren Streicheleinheiten aufhören. Bleiben Sie ruhig und streicheln Sie Ihren Hund weiter, beginnen Sie idealerweise an der Brust.

# ORIENTIERUNG DES HUNDES AM MENSCHEN

**Die Grundlektionen des Hundetrainings und die Orientierung des Hundes am Menschen – sowohl mit als auch ohne Leine – kann dem Hund mithilfe der eigenen Körpersprache hervorragend vermittelt werden.**

Unter den Grundlektionen des Hundetrainings bzw. unter dem „kleinen Einmaleins der Hundeerziehung" versteht man in der Regel Sitz, Platz und bei Fuß bzw. eine ordentliche Leinenführigkeit. Diese Lektionen lassen sich durch Körpersprache sehr gut unterstützen und begleiten.

## HINSETZEN – SITZ

Möchten Sie Ihrem Welpen oder auch einem erwachsenen Hund „Sitz" beibringen, können Sie folgendermaßen vorgehen: Gehen Sie in die Hocke oder knien Sie sich neben Ihren Hund. Nehmen Sie ein Leckerli in die Hand

*Ein tadelloses „Sitz" mittels körperlicher Unterstützung.*

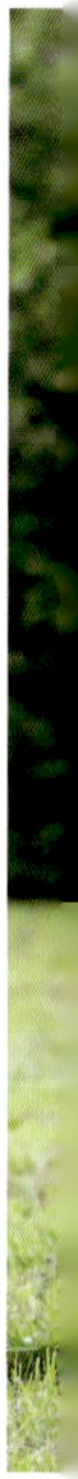

und führen Sie dieses an die Nase Ihres Hundes. Führen Sie Ihre Hand (mit dem Leckerli) nun langsam über den Kopf Ihres Hundes. Achten Sie dabei darauf, dass Ihr Hund mit seiner Nase wie „angedockt" an Ihrer Hand klebt. Spätestens dann, wenn Ihre Hand über dem Kopf Ihres Hundes angelangt ist, muss er sich aus anatomischen Gründen setzen oder rückwärts gehen, wenn er an Ihrer Hand „kleben bleiben" möchte. Damit er sich hinsetzt, können Sie sein Hinterteil mit Ihrer zweiten Hand leicht herunterdrücken bzw. ein Rückwärtsgehen verhindern. Sobald Ihr Hund sitzt, öffnen Sie Ihre Hand und geben Ihrem Hund das Leckerli. Gleichzeitig, also in dem Moment, in dem Sie Ihre Hand öffnen, sagen Sie „Sitz". Ihr Hund wird, nach mehreren Wiederholungen, Ihre körpersprachlichen Anweisungen mit dem Wort „Sitz" verknüpfen und die gewünschte Aktion durchführen.

## HINLEGEN – PLATZ

Hat Ihr Hund erst das „Sitz" gelernt, ist das „Platz" meistens nicht mehr schwer beizubringen. Bringen Sie Ihren Hund zuerst ins „Sitz", bevor Sie mit ihm das „Platz" üben. Nun halten Sie wieder ein Leckerli direkt vor seine Nase und führen Ihre Hand langsam und in einem möglichst flachen Winkel nach unten, bis Ihre Hand ganz auf dem Boden liegt. Um an das Leckerli zu kommen, muss Ihr Hund sich nun hinlegen. Sobald Ihr Hund liegt, öffnen Sie Ihre Hand und sagen gleichzeitig das Wort „Platz". Weitere Variante: Gehen Sie in die Hocke und strecken Sie ein Bein lang vor sich aus, so dass Ihre Ferse den Boden berührt. Locken Sie Ihren Hund nun mit einem Leckerli unter Ihrem ausgestreckten Bein hindurch. Ist er ungefähr mit der Mitte seines Körpers unter Ihrem Bein angelangt, muss er sich hinlegen.

*Die flach nach unten geführte Hand bedeutet „Platz".*

# LEINENFÜHRIGKEIT

Die „Orientierung an der Leine“ ist ein Zustand der garantiert, dass der Hund von sich aus seine Wahrnehmung auf den Menschen legt, seine nähere Umwelt aber trotzdem nicht aus den Augen verliert.
Gemeint ist damit also nicht ein zwanghaft manischer Blick, mit welchem der Hund stocksteif neben seinem Menschen marschiert und nur auf den nächsten Befehl wartet, sondern ein „ich hab ein Auge auf meinen Menschen, weiß wo er hingeht und was er tut“. Das impliziert auch, dass es der Hund sein sollte, der zu seinem Menschen guckt und nicht der Mensch, der dauernd „nachschaut“, was sein Hund macht. Schließlich sollte die Position des Menschen eine souveräne und führende sein. Die Orientierung an der Leine ist folglich auch kein statisches System. Es gibt Hunde, die an der Leine schnüffeln und sich trotzdem noch an der Leine bzw. am Menschen orientieren können, und es gibt andere, die das nicht können. Auch hier ist wieder der jeweilige Einzelfall genau zu betrachten, Pauschallösungen gibt es nicht.

*Leinenführigkeit mit einem entspannten und gleichzeitig sehr aufmerksamen Hund.*

*Ein Blick nach hinten stellt kein Vergehen dar, wenn sich Ihr Hund wieder an Ihnen orientiert.*

*Das Ziehen an der Leine hat nichts mit einer guten oder schlechten Bindung an den Menschen zu tun.*

### FRAGEPOSITION

Ausschlaggebend ist, dass sich der Hund bei der Orientierung an der Leine gegenüber seinem Menschen in einer Frageposition befindet: Wo soll ich lang gehen? Was kann ich tun? Denn nur wenn sich der Hund in dieser Frageposition befindet, kann ich mir als Mensch sicher sein, dass der Fokus seiner Wahrnehmung auf mir liegt. Unerheblich ist dabei die Leinenlänge oder ob der Hund links, rechts, vor oder hinter seinem Menschen geht – orientieren kann sich der Hund aus jeder Position heraus. Wenn der Mensch also herstellen kann, dass sich der Hund an der Leine orientiert, dann kann sich der Hund auch an der Leine entspannen. Ein permanentes „Gängeln" und körperliches oder verbales Reglementieren des Hundes wird unnötig.

## ZIEHEN AN DER LEINE

Ein Hund, der sich an der Leine orientiert, ist mit seiner Aufmerksamkeit in erster Linie bei seinem Menschen. Der Mensch sollte in letzter Konsequenz wichtiger sein, als diverse Umweltreize von außen. Wenn ein Hund an der Leine zieht, heißt das im Umkehrschluss allerdings nicht automatisch, dass er seinen Menschen nicht ernst nimmt. Es zeigt nur, dass keine Orientierung von Innen heraus stattfindet, und dass der Hund sich mehr an äußeren Reizen orientiert. Er hat es schlichtweg in seiner Entwicklung nicht anders gelernt. Stört es den Menschen nicht und hat er auch ansonsten kein Problem mit seinem Hund, braucht man das „wie der Hund an der Leine geht" nicht zu ändern.

**ORIENTIERUNG AN OBJEKTEN**
Hunde, die nur mithilfe von Bällen, Spielzeug oder Futter an ihren Besitzern „kleben", orientieren sich nicht wirklich am Menschen, sondern an dem jeweiligen Objekt der Begierde. Hier fehlt der entscheidende soziale Bezug, der Hund ist ausschließlich auf die „Beute" fixiert und würde auch mit jeder anderen Person mitgehen, die ihm Fleischwurst oder einen Ball anbietet.

## EINFLUSSNAHME

Orientierung erfolgt über die Persönlichkeit des Menschen. Letztendlich sind Mensch und Hund immer individuelle Persönlichkeiten und verhalten sich daher auch immer verschieden. Die Form der Orientierung kann dabei sehr unterschiedlich aussehen. Orientierung ist immer dann wichtig, wenn der Mensch seinen Hund in kritischen Situationen managen muss. Wachsen tut diese Orientierung allerdings außerhalb einer sol-

*Auch mehrere Hunde können gleichzeitig entspannt an der Leine geführt werden.*

chen Situation, im täglichen Miteinander von Mensch und Hund. Als Voraussetzung für das Verhalten im Freilauf, ist eine Orientierung an der Leine und somit am Menschen unerlässlich. An der Leine hat der Mensch die Möglichkeit, den Hund in einer möglichen Konfliktsituation zu beeinflussen. Ist ein regulierendes Eingreifen seitens des Hundehalters allerdings schon an der Leine nicht möglich, so ist eine Einflussnahme auf das Verhalten des Hundes im Freilauf noch schwieriger.

## ORIENTIERUNG AN DER LEINE

Um diese Orientierung an der Leine herzustellen, ist es zunächst erforderlich, die Wahrnehmung des Hundes für den Menschen zu fokussieren.
Die Umsetzung in der Praxis hat viel damit zu tun, wie der Mensch geht, sich bewegt, wie er schaut und wie er sich insgesamt verhält. Entscheidend ist, dass der Mensch bei allen Trainingsschritten richtungsweisend ist, damit der Hund einen subjektiven Grund hat, sich an der Leine und somit an seinem Menschen zu orientieren. Vereinfacht ausgedrückt, muss sich die Orientierung an der Leine für den Hund lohnen. In einem Wechselspiel von Vor- und Nachteilen, die für den Hund deutlich zu unterscheiden sind, lernt er, welches Verhalten sich für ihn lohnt und welches nicht.

### UNTERSCHIEDLICHE MOTIVATION

Nicht selten kommt es vor, dass ein Hund an der Leine zieht und zerrt, ohne Leine aber nahezu perfekt bei Fuß geht. Die Gründe für dieses Verhalten können unterschiedlich sein. Der Hund kann das Ziehen an der Leine gelernt haben, genauso wie das anstandslose „Bei-Fuß-Gehen“ ohne Leine. Ohne die Leine als sichere Verbindung ist der Mensch außerdem wesentlich wachsamer und hat eine höhere Motivation, dass der Hund an seiner Seite bleibt, da er um die Risiken des Freilaufs weiß (z. B. Straßenverkehr). Manche Menschen agieren aber auch „ohne etwas in der Hand“ wesentlich sicherer und souveräner. Dieser minimale Unterschied in der körpersprachlichen Präsenz kann bei dem ein oder anderen Hund bereits reichen, um ein verändertes Verhalten zu bewirken. Bedenken Sie außerdem: Hat Ihr Hund die Leine von Anfang an als eher unangenehm und störend kennengelernt, kann er auch einfach nur froh und dankbar sein, das „blöde Ding“ endlich los zu sein.

## LEINENAGGRESSION

Ein weiteres Phänomen ist die Aggression an der Leine gegen andere Hunde, die im Freilauf häufig völlig verschwindet. Was dahinter steckt, hat Erik Zimen bereits mit seinem Phänomen des „Rettenden Zauns" beschrieben (E. Zimen, Der Hund, 1988). Hunde, die sich an der Leine wie wild gebärden, wissen, dass sie in letzter Konsequenz für ihr Verhalten nicht belangt werden. Sie wissen um ihre Sicherheit. Im Umkehrschluss weiß der Hund auch ganz genau, dass ihm im Freilauf der sichere Rahmen der Leine fehlt, er verhält sich dementsprechend vorsichtig. „Die sicherste und darum wichtigste Verbindung zwischen Mensch und Hund stiftet nach Überzeugung vieler die Leine. Sie scheint einen fast genialen Kompromiss zwischen Menschenangst und Tierwildheit unter den Bedingungen des zivilisierten Daseins lebbar zu machen, bildet in Wahrheit aber die moderne Ambivalenz im Verhältnis von Mensch zu Hund bloß prägnant ab." (K. Rutschky, Der Stadthund, 2001).

*Aggression an der Leine ist häufig sozial motiviert, hat also mit Ihnen zu tun.*

## ORIENTIERUNG OHNE LEINE

Hat der Hund gelernt, seinen Menschen als souveräne Persönlichkeit wahrzunehmen und sich an der Leine an ihm zu orientieren, folgt im weiteren Trainingsverlauf die Orientierung ohne Leine. Auch hier ist die eigene Persönlichkeit ausschlaggebend, wenn es darum geht, die Aufmerksamkeit des Hundes auch in kritischen Situationen herstellen zu können. Orientierung des Hundes ohne Leine am Menschen bedeutet, dass eine (un)sichtbare Verbindung zwischen beiden besteht, die in erster Linie für den Menschen eine große Bedeutung hat. Über die Begebenheit, dass sich der Hund am Menschen orientiert, hat dieser die Möglichkeit, die Aufmerksamkeit seines Hundes zu bekommen. Diese Orientierung am Menschen darf jedoch nicht mit sklavischer Abhängigkeit verwechselt werden. Es handelt sich eher um eine angepasste Erreichbarkeit des Hundes und im Kontext betrachtet, um eine wichtige Beziehungskomponente.

*Auch ohne Leine orientiert sich dieser Hund gut an seinem Menschen.*

Wenn der Hund sich also ohne Leine am Menschen orientiert, geht es dabei nicht um einen Dressurakt oder um minimalistisches Bei-Fuß-Gehen. Der Hund muss hier keine Formalie erfüllen, sondern soll sich über den Menschen seines eigenen Verhaltens rückversichern, soll vermehrt nachfragen „Darf ich das?“.
Bevor die Orientierung am Menschen ohne Leine funktionieren kann, muss der Mensch dem Hund eine Chance geben, dass dieser sich überhaupt orientieren kann. Das wiederum hat viel mit einer qualifizierten Präsentation des Menschen zu tun.

*01*

## INDIVIDUELLE WEGE

Die Orientierung des Hundes an der Leine ist ein zwingender Arbeitsschritt, der keinesfalls ausgelassen werden darf, da die Orientierung ohne Leine auf der Wahrnehmungsfähigkeit des Hundes aufbaut, die bei der Orientierung an der Leine hergestellt wurde. Der Hund lernt in beiden Fällen, sich zu seinem eigenen Vorteil am Menschen zu orientieren.

Was man genau tun muss, damit sich ein Hund an seinem Menschen orientiert, hängt immer ganz individuell vom Hund und von den Fähigkeiten des Menschen ab. Pauschale Lösungsvorschläge können daher an dieser Stelle nicht gegeben werden. Je nach Persönlichkeit des Hundes und Leistungsfähigkeit des Menschen, kann die Orientierung über die Stimme des Menschen oder über eine körperliche Kontaktaufnahme erfolgen. Besonders wichtig ist, dass der Mensch immer zuerst versucht, die Verbindung zu seinem Hund und damit die Orientierung an der eigenen Person, ohne Hilfsmittel (Ball, Futter usw.) herzustellen.

*02*

03

## VERSELBSTSTÄNDIGUNG

Mit welcher Intensität die Reaktion des Menschen auf das Verhalten des Hundes erfolgt, hängt wie immer von dem jeweiligen Hund ab. Sollte der Hund sich verselbstständigen, hat der Mensch die Möglichkeit, sich über ein körperliches Einbringen wieder in Erinnerung zu rufen. Mit diesem „Anfassen" des Hundes ist selbstverständlich kein körperliches Entgleiten des Menschen gemeint. Hierbei handelt es sich lediglich um eine körperliche Information des Menschen an den Hund, damit dieser ihn wieder „in seinem Kopf" hat.

Der Mensch sollte, wenn möglich, immer mit sich selbst als Medium agieren. Das bedeutet, dass er mit seinem Hund zum größten Teil analog kommunizieren sollte. Hierbei ist es wichtig zu verstehen, dass die Mensch-Hund-Beziehung komplementär und nicht symmetrisch ist (siehe S. 94).

Damit der Hund mit diesem Trainingsschritt nicht gleich überfordert wird, ist es ratsam, zunächst ohne Ablenkung zu trainieren, um das Gelernte dann später auch in reizstarken Situationen abverlangen zu können. Häufig begehen Menschen jedoch den Fehler, dass sie zu schnell glauben, ihr Hund würde sich an ihnen auch ohne Leine orientieren. Erst wenn die Rahmenbedingungen stimmen und man als Mensch einen souveränen Status innehat, den der Hund anerkennt, sollte man diesen Schritt wagen. Auch Sie haben bestimmt nicht schon mit 12 Jahren Abitur gemacht – bedenken Sie das!

*01 Deutliche Einladung des Menschen, den Weg gemeinsam fortzusetzen.*

*02 Kurzes Innehalten und Verlangsamung des Tempos.*

*03 Freigabe des Weges für den Golden Retriever.*

# ORIENTIERUNG — *am Menschen*

*01*

*02*

Da Orientierung am Menschen nicht bei jedem Hund gleich aussieht (manche Hunde gucken viel, andere verlassen sich mehr auf ihr Gehör), muss jeder Mensch ein Gefühl dafür entwickeln, ob sein Hund mit all seinen Sinnen bzw. mit seinem Kopf bei seinem Menschen ist. Auf jeden Fall muss der Hund mit seinem Kopf immer so viel bei seinem Menschen sein, dass dieser in kritischen Situationen in der Lage ist, den Hund zu erreichen, um gegebenenfalls einwirken zu können.
Eine Information muss dem Hund immer so gegeben werden, dass dieser sie auch verstehen kann (z. B. die Aufforderung zum Kommen). Und das ist mit einer körperlichen Präsenz des Menschen sehr gut möglich. Der Hund versteht Körpersprache ja bekannterweise besser, als rein sprachliche Informationen.
Der Mensch muss zwingend herstellen können, dass sich der Hund nach dem Ableinen erst einmal an ihm orientiert und sich nicht sofort verselbstständigt. Wenn das zuverlässig funktioniert, kann der Freilauf eingeleitet werden.

03

01 „Hier geht's lang", signalisiert der Mensch seinem Hund.

02 Das Tempo wird erhöht.

03 Dynamisches Eindrehen des Menschen zum Hund.

04 Körpersprachliches Stoppen des Hundes durch frontales Zuwenden der Körpervorderseite.

05 Links oder Rechts? Der Hund bewegt sich spiegelbildlich mit.

06 Genaue Richtungsanweisung des Menschen an den Hund.

04

05

06

*Unmissverständliche Ansprache: „Komm, lass uns miteinander rennen!"*

### SYMMETRISCHE UND KOMPLEMENTÄRE BEZIEHUNGEN

Beziehungen zwischen Partnern basieren entweder auf Gleichheit oder auf Unterschiedlichkeit. In komplementären Beziehungen ergänzen sich unterschiedliche Verhaltensweisen und bestimmen den Interaktionsprozess.

Die Beziehungsgrundlage besteht hierbei in der Unterschiedlichkeit der Partner. Häufig drückt sich diese Unterschiedlichkeit in einer Unterordnung aus, das heißt, der eine übernimmt die Führung.

Eine symmetrische Beziehungsform zeichnet sich dadurch aus, dass die Partner sich bemühen, Ungleichheiten untereinander zu minimieren (Streben nach Gleichheit).

## ANALOGE UND DIGITALE KOMMUNIKATION

Es gibt eine digitale und eine analoge Kommunikation; die digitale bezieht sich auf Worte und Sätze, die bestimmten Objekten zugeordnet sind. Diese Sprache ist logisch, abstrakt und repräsentiert den Inhaltsaspekt. Die digitale Sprache vermittelt in erster Linie Informationen. Sie bietet keine Hinweise darauf, wie diese Information bewertet und interpretiert werden soll.

Die analoge Kommunikation hat eine viel direktere, engere Beziehung zu den Objekten, die sie repräsentiert. Sie basiert auf archaischen Kommunikationsformen und besitzt

*Die Körpersprache vermittelt dem Hund: „Bleib bei mir und achte auf mich!"*

daher eine allgemeinere Gültigkeit und Verbreitung als die viel jüngere, digitale Kommunikation. Analoge Kommunikation bezieht sich nicht auf Dinge (wie die digitale Kommunikation), sondern auf die Beziehung zwischen den Dingen (oder Menschen/Menschen und Hunden). Im Idealfall sollten wir Menschen mit unseren Hunden ganzheitlich kommunizieren, also körpersprachlich, mit Gesten, Blicken, mit unserer Stimme und mit unseren Emotionen. Dabei lernen Mensch und Hund von- und miteinander. Hunde sind außerdem in der Lage, unsere Signale, die über Mimik, Gestik, und Stimmung hinausgehen, wie z. B. die Art und Weise des Sprechens, unserer Bewegung oder des Gesichtsausdrucks, zu erkennen, zu verstehen und mit einer zu erwartenden Handlung zu verknüpfen. Es geht also weniger um die Einführung neuer Elemente in die menschliche Kommunikation, sondern vielmehr um die Kultivierung des vorhandenen analogen Verhaltens. Denn nur die analoge Kommunikation wird interspezifisch, also artübergreifend, verstanden. Hunde kommen uns mit unserer Art zu kommunizieren, also sehr entgegen bzw. wir haben eine recht große Schnittmenge.
Wenn wir ihnen die Chance geben, sich auf unsere ganz individuelle Kommunikation einzustellen, werden schon nach kurzer Zeit kleinste Signale ausreichen, um einander zu verstehen.

*01*

*02*

*01 Bauen Sie sich frontal vor Ihrem Hund auf.*

*02 Gehen Sie dynamisch, aber der Persönlichkeit Ihres Hundes angepasst, einen Schritt auf Ihren Hund zu.*

*03 Verlagern Sie Ihren Körper ein Stück nach vorn, machen Sie einen Schritt auf Ihren Hund zu, und halten Sie diese Spannung einen Moment.*

*04 Laden Sie nun Ihren Hund wieder körpersprachlich zu sich ein.*

*05 Stellen Sie körperliche Nähe zu Ihrem Hund her.*

*05*

# AUF DISTANZ
## — *und Stoppen*

*03*

*04*

Einen Hund nur zu stoppen oder ihn zu stoppen, um ihn anschließend auf Distanz zu bringen, ist keine ganz einfache Sache und sollte auch nicht unreflektiert angewendet werden. Ist die Bindung zwischen Mensch und Hund z. B. noch nicht wirklich gefestigt oder gar nicht vorhanden, ist diese körpersprachliche Ansprache sehr vorsichtig, dosiert und möglichst unter Anleitung eines kompetenten Hundetrainers einzusetzen.

Wichtig ist die körpersprachliche Eindeutigkeit. Gehen Sie z. B. mit eingefallenen Schultern und ohne Körperspannung auf Ihren Hund zu, wird er diese Ansage kaum ernst nehmen. Ihr Inneres und Ihr Äußeres müssen sich einig sein: „Du weichst jetzt vor mir und ich will das wirklich!" Ihr Hund wird diese Ernsthaftigkeit und Entschlossenheit sofort spüren. Denken Sie bei diesem Vorhaben einfach an den Film „Dirty Dancing" – mein Tanzbereich, dein Tanzbereich. Sie wollen Ihren Hund nicht verjagen, sondern auf diese Weise und genau in dieser Situation den gewünschten Respekt und Abstand einfordern.

*Kommt Ihr Hund freudig auf Sie zugelaufen, dann haben Sie alles richtig gemacht.*

## DEN HUND LOCKEN

Auf einer großen Wiese kann Ihr Welpe/Hund z. B. lernen, Ihnen zu folgen und Sie nicht zu verlieren. Und eben nicht umgekehrt. Suchen Sie sich also eine große Wiese (keine stark frequentierte Hundewiese!) und setzen Sie sich hin oder bleiben Sie stehen. Lassen Sie Ihren Hund herumschnüffeln und kümmern Sie sich nicht weiter um ihn. Dann, ganz plötzlich, stehen Sie auf und gehen zielstrebig in eine Richtung davon, ohne ihn dabei zu rufen oder mit Leckerlis zu locken. Sobald er Ihr Verschwinden bemerkt, Ihnen folgt und sich auf Ihrer Höhe befindet, loben Sie ihn überschwänglich.
Es kann natürlich passieren, dass Ihr Hund sich für Ihr Fortgehen nicht interessiert und weiterhin eigene Dinge tut. Dann müssen Sie sich interessant machen. Gehen Sie z. B. in

die Hocke und tun Sie so, als wäre da etwas sehr Spannendes auf dem Boden zu finden, zupfen Sie an einem Grashalm oder hüpfen und springen Sie ein Stück die Wiese entlang. Gerade junge Hunde sind neugierig und wollen bestimmt sehen, was Sie da machen. Wichtig: Ist Ihr Hund bei Ihnen angekommen, laufen Sie einfach weiter und beziehen Sie ihn in das Spiel mit ein. Wenn Sie ihn jetzt anleinen, wird Ihr Hund beim nächsten Mal vielleicht nicht mehr so nah herankommen, denn er muss ja damit rechnen, dass es jedes Mal mit dem Freilauf vorbei ist, wenn er zu Ihnen kommt. Natürlich können Sie aber ein kleines Spielchen starten, Ihren Hund leicht in die Seite knuffen und ihn animieren, mit Ihnen zu spielen.
Ihr Hund lernt also: Wenn ich komme, werde ich gelobt, wenn ich nicht komme, werde ich nicht beachtet.

*Früh übt sich, wer später zuverlässig kommen soll.*

Wichtig ist auch, dass Sie Ihrem Hund nicht dauernd hinterherrufen. Ihr Rufen nutzt sehr schnell ab, wenn Sie andauernd seinen Namen rufen, dieses Rufen aber keine Konsequenz hat. Sorgen Sie also dafür, dass Sie Ihren Hund nur dann rufen, wenn Sie eine reelle Chance haben, dieses Rufen auch durchzusetzen. Sie können Ihren Hund z. B. durch eine Schleppleine sichern oder in einem eingezäunten Gebiet trainieren.

*Dieser Hund ist verunsichert und weiß mit der aktuellen Situation in diesem Moment nicht umzugehen.*

## STIMMUNGS-ÜBERTRAGUNG

Stimmungsübertragung ist ein Zauberwerk und funktioniert in Bezug auf unsere Hunde fast immer – in die eine wie in die andere Richtung. Ein wahrer Klassiker ist die Leinenaggression. Begegnen Sie einem anderen Hund, bellt, kläfft, knurrt und tobt Ihr Hund wie wild an der Leine, sodass Sie ihn kaum „bändigen" können.

Aber beginnen wir von vorn: Sie wissen, dass Ihr Hund so – wie oben beschrieben – reagiert, wenn er auf andere Hunde trifft. Genau aus diesem Grund sind Sie schon angespannt, wenn Sie zur Hundeleine greifen, um sich auf den anstehenden Spaziergang vorzubereiten. Ihr Hund bemerkt diese Anspannung sofort und reagiert ganz aufgeregt, fiept, läuft zwischen Ihnen und der Haustür hin und her und will endlich los: Auf in den Kampf, gemeinsam mit Frauchen oder Herrchen! Super, wie toll! Sie denken Ihrerseits natürlich etwas ganz anderes, signalisieren Ihrem Hund körpersprachlich aber, dass es gleich sehr brenzlig werden könnte.

Jetzt geht es los, Ihr Hund schreitet aufmerksam voran, läuft vor Ihnen und hat somit den absoluten Überblick. Dann kommt er um die Ecke, der verhasste Hund aus der Nachbarschaft. Unbewusst verkürzen Sie Ihre Schritte, fassen die Leine kürzer und ziehen Ihren Hund näher zu sich heran, damit Sie ihn besser halten können. Diese Reaktion ist verständlich, Ihr Hund versteht aber „Super, mein Mensch ist wieder dabei und macht mit. Ich übernehme das Kommando."

Ihr Hund schmeißt sich nun tapfer in die Leine, um den Erzfeind (mit Ihrer Hilfe) zu vertreiben. Meistens ist dieses Vorhaben leider auch noch von Erfolg gekrönt – denn der andere Hund verschwindet irgendwann (er wird von seinem Besitzer vom Kriegsschauplatz entfernt). „Hurra, gewonnen", kann Ihr Hund vermerken.

Die Stimmungsübertragung funktioniert in diesem Fall perfekt, ist aber ein wirklicher Teufelskreis, den nur Sie durchbrechen können.

## DAS SCHLECHTE GEWISSEN

Ein weiteres Beispiel für den Teufelskreis Kommunikation ist das vielfach gepriesene „schlechte Gewissen" eines Hundes, wenn er etwas getan hat, das uns missfällt. Hat Ihr Hund in Ihrer Abwesenheit z. B. den Mülleimer geplündert und dessen Inhalt im ganzen Haus verteilt, sehen Sie dieses Malheur in dem Moment, in dem Sie durch die Haustür kommen. Was nun folgt, wird häufig mit den Worten beschrieben: „Er weiß ganz genau, was er getan hat, er hat ein schlechtes Gewissen." Das ist jedoch eine rein menschliche Interpretation. Natürlich hat Ihr Hund Gefühle, aber eben kein Gewissen im Sinne einer moralischen Instanz. Ihr Hund ist jedoch ein Beobachtungskünstler, er hat aus Erfahrung gelernt: „Wenn mein Mensch nach Hause kommt und der Müll am Boden herumliegt, dann – und nur dann – ist er wütend." Er weiß, dass Sie wütend sind, weil der Müll am Boden liegt. Er kombiniert aber nicht, dass Sie sauer sind, weil ER den Müll verteilt hat (ein gravierender Unterschied). Sie werden dann wütend, bekommen einen starren Blick und Ihre Stimme wird dunkel und unfreundlich. Vermutlich beugen Sie sich auch noch zu ihm herunter, um ihn auszuschimpfen. Ihr Hund wird auf diese „Ansage" auf seine hündisch-körpersprachliche Art und Weise reagieren, er wird sich beschwichtigend ducken und eine unterwürfige Körperhaltung einnehmen (Kopf wegdrehen, Blick abwenden, Schwanz einklemmen, eventuell auf die Seite rollen). Wir Menschen werten dieses Verhalten dann als schlechtes Gewissen. Dabei hat sich unser Hund als Spezialist im Lesen von Körpersprache schon lange auf unsere Reaktion eingestellt, diese vielleicht sogar bereits generalisiert.

*Im nächsten Moment ist die Welt schon wieder in Ordnung, der Hund guckt entspannt in die Kamera.*

## GEFÜHLE UND EMOTIONEN

Unsere Bewegungen spiegeln unser Inneres. Bei unseren Hunden verhält es sich genauso. Gehen Sie z. B. gedankenverloren einen Weg entlang, wird man Ihrem Körper diese „Gedankenlosigkeit" ansehen. Ihr Gang wird ungleichmäßig, mal schnell, mal langsam und mal linksseitig, mal mittig oder rechtsseitig ausgerichtet sein. Es ist also klar zu erkennen, dass Sie nicht „bei der Sache" sind. Haben Sie hingegen ein konkretes Ziel vor Augen, werden Sie direkt, ohne Umwege und mit festem Schritt auf dieses zugehen. Auch das wird man an Ihrem Gang erkennen. Zwischen Gefühlen und Emotionen gibt es einen Unterschied. Gefühle erfassen all das,

*Eine Mensch-Hund-Beziehung sollte entspannt und vertrauensvoll sein.*

was wir durch Sinneseindrücke wahrnehmen können: Kälte, Wärme oder Gerüche. Durch Gefühle wird in der Regel Ihr Gleichgewicht nicht gestört, es entsteht kein Konflikt. Wenn Ihnen z. B. kalt ist, können Sie sich eine Jacke anziehen.

Auch innere Gefühle wie Zuneigung oder Unwohlsein können Sie durch Sprechen zum Ausdruck bringen.

Emotionen stellen einen Bruch unserer inneren Balance dar und entstehen, wenn uns etwas aus dem Gleichgewicht bringt. Meistens sind es Dinge wie Unsicherheit, Angst oder Enttäuschung, die unsere Balance stören. Unterdrücken kann man solche Emotionen über einen längeren Zeitraum nicht, sie machen sich dann auch nach außen hin bemerkbar.

# SERVICE

## — *Wissenswertes für Hundehalter*

# NÜTZLICHE ADRESSEN

**Verband für das Deutsche Hundewesen (VDH)**
Geschäftsstelle
Westfalendamm 174
44141 Dortmund
Tel: +49 (0) 231 565000
E-Mail: info@vdh.de
Internet: www.vdh.de

**Österreichischer Kynologenverband (ÖKV)**
Siegried Markus Straße 7
A – 2362 Biedermannsdorf
Telefon: +43 (0) 2236 710 667
Telefax: +43 (0) 2236 710 667 30
E-Mail: office@oekv.at
Internet: www.oekv.at

**Schweizerische Kynologische Gesellschaft SKG**
Brunnmattstraße 24
Postfach 8276
CH – 3001 Bern
Telefon: +41 (0) 31 306 62 62
Telefax: +41 (0) 31 306 62 60
E-Mail: info@skg.ch
Internet: www.skg.ch

**Berufsverband der Hundeerzieher/innen und Verhaltensberater/innen e. V. (BHV)**
Auf der Lind 3
D – 65529 Waldems-Esch
Telefon: +49 (0) 61 92 9 58 11 36
Telefax: +49 (0) 61 92 9 58 11 38
E-Mail: info@hundeschulen.de
Internet: www.hundeschulen.de

# ZUM WEITERLESEN

## BÜCHER AUS DEM KOSMOS-VERLAG


Bloch, Günther und Elli H. Radinger: **Der Mensch-Hund-Code.** Selbstbewusst durch den Dschungel der Hundeszene.

Bloch, Günther und Elli H. Radinger: **Wölfisch für Hundehalter.** Von Alpha, Dominanz und anderen populären Irrtümern.

El Ayachi, Sami: **Körpersprachliches Longieren mit Hund.** Kommunikation und Verbundenheit aufbauen und festigen.

Esser, Johanna: **Welpe.** Halten, Erziehen, Beschäftigen.

Feddersen-Petersen, Dorit: **Ausdrucksverhalten beim Hund.**

Feddersen-Petersen, Dorit: **Hundepsychologie.**

Gansloßer, Udo und Kate Kitchenham: **Beziehung – Erziehung – Bindung.** Forschung im Dienst des Mensch-Hund-Teams.

Gansloßer, Udo und Kate Kitchenham: **Forschung trifft Hund.** Neue Erkenntnisse zu Sozialverhalten, geistigen Leistungen und Ökologie.

Grewe, Michael und Inez Meyer: **Hoffnung auf Freundschaft.** Das erste Jahr des Hundes.

Grewe, Michael und Inez Meyer: **Hunde brauchen klare Grenzen.** Gesetze einer Freundschaft.

Kitchenham, Kate: **Wissen Hunde, dass sie Hunde sind.** Wie Hunde denken und fühlen.

Rütter, Martin: **Sprachkurs Hund mit Martin Rütter.** Körpersprache und Kommunikation.

Schöning, Barbara und Kerstin Röhrs: **Hundesprache.** Mimik und Körpersprache richtig deuten.

## ZUM WEITERCLICKEN

**www.johanna-esser.de**
Wenn Sie mehr über die Autorin wissen möchten oder Spaß an ihrem Blog haben, können Sie einen Blick auf die Homepage von Johanne Esser werfen.

**www.longieren-mit-hund.de**
Hier finden Sie alles über das körpersprachliche Longieren sowie Termine und Seminare mit Sami El Ayachi.

**www.canis-kynos.de**
Hier finden Sie Hundeschulen, Hundewanderungen, Seminare und vieles mehr.

**www.dogworld.de**
Auf der Seite des Hundezentrums Baumann finden Sie Termine, Seminare und vieles mehr. Zudem gibt es die Dogworld-Stiftung, die sich u.a. um alte Hunde kümmert.

**www.ds-tierfoto.de**
Besuchen Sie die Homepage von Daniela Drews, die die Fotos für dieses Buch erstellt hat. Tauchen Sie in die Welt der Hundefotografie ein.

# REGISTER

## DANK

Ich danke allen Hundebesitzern, die ihre Hunde für das Fotoshooting zur Verfügung gestellt haben. Außerdem geht ein großes Dankeschön an Daniela Drews für die tollen Fotos und an Hilke Heinemann für die engagierte und reibungslose Zusammenarbeit mit dem Kosmos-Verlag.

Ein weiteres Dankeschön geht an meine Hunde, die mich tagtäglich inspirieren und mich lehren, wie wichtig Körpersprache ist. Dabei denke ich besonders an meine Hündin Toni, die mir immer wieder von neuem zeigt, wie viel ich manchmal übersehe.

Der größte Dank geht an meinen Lebensgefährten Frank, der mir immer mit Rat und Tat zur Seite steht und mich wie so oft, viele Abende und Tage an die Hunde oder den Schreibtisch abtreten musste.

## BILDNACHWEIS

144 Farbfotos wurden von Daniela Drews für dieses Buch aufgenommen.

Weitere Farbfotos von Corinna Buchmann (1: S. 68), Tatjana Drewka (1: Klappe vorne außen), Johanna Esser (5: S. 29, 72 re., 73, 84, 85), Heike Schmidt-Röger (3: S. 51, 72 li., 77) Verena Scholze/Kosmos (3: S. 61 u., 100, 101) und Sabine Stuewer/Kosmos (1: S. 58).

## IMPRESSUM

Umschlaggestaltung von Walter Typografie & Grafik GmbH, Würzburg unter Verwendung von zwei Farbfotos von Tierfotoarchiv-Drewka (vorne) und Daniela Drews/Kosmos (hinten) und Illustrationen von Shutterstock / Nikiteev_Konstantin.

Mit 158 Farbfotos.



Gedruckt auf chlorfrei gebleichtem Papier


ISBN 978-3-440- 14532-6
Redaktion: Hilke Heinemann
Gestaltungskonzept: Peter Schmidt Group GmbH, Hamburg
Gestaltung und Satz: Atelier Krohmer, Dettingen/Erms
Produktion Eva Schmidt
Printed in Slovakia / Imprimé en Slovaquie

FSC
www.fsc.org
MIX
Paper from responsible sources
FSC® C084279